福州大学哲学社会科学学术著作出版资助计划项目

福州大学哲学社会科学文库

西安城市空间结构演进研究

（1978～2002年）

刘淑虎　著

中国建筑工业出版社

图书在版编目（CIP）数据

西安城市空间结构演进研究（1978～2002年）/ 刘淑虎
著.— 北京：中国建筑工业出版社，2017.7
　ISBN 978-7-112-20827-2

　Ⅰ.①西…　Ⅱ.①刘…　Ⅲ.①城市空间－空间结构－研
究－西安－1978～2002　Ⅳ.①TU984.241.1

　中国版本图书馆CIP数据核字（2017）第126084号

福州大学哲学社会科学学术著作出版资助计划项目（16CBS07）、国家
自然基金"丝路经济带'长安—天山'段历史城镇文脉演化机理与传承策略"
（51578436）、国家人社部出国留学人员资助基金"城市形态学方法及其适用
性研究"（6040300549）、国家自然基金"闽江流域传统村落空间设计智慧图
解与当代应用研究"（51778145）资助项目。

责任编辑：黄　翊　张　建
责任校对：李美娜　李欣慰

西安城市空间结构演进研究（1978 ~ 2002 年）

刘淑虎　著

＊

中国建筑工业出版社出版、发行（北京海淀三里河路9号）
各地新华书店、建筑书店经销
北京京点图文设计有限公司制版
北京中科印刷有限公司印刷

＊

开本：787×1092毫米　1/16　印张：12¼　字数：255千字
2017年9月第一版　2017年9月第一次印刷
定价：**48.00元**
ISBN 978-7-112-20827-2
　　　（30470）

序

　　西安所处关中地区，是我国历史上早期的农业发达地区之一，加之其"四塞之固"的地理形势及其军事防御优势，依山带水、原隰相间的宜居环境，成为周、秦、汉、隋唐等王朝都城选址的重要前提。作为中国重要历史时期的都城地区，不仅是国家在意识形态、制度体系及其管理体制、文化创新及传播乃至中国根系文化的策源地和传承之地，并且在中国都城发展史上具有重要的地位。唐末以降，虽废不为都，却仍然是地域中心城市，具有重要军事战略地位，是中央王朝扼控西北、稳定川、鄂和联通豫、晋的重要堡垒。

　　近现代以来，西安经历了近代化和工业化发展的历史进程，作为中国典型的内陆城市，都城选址的地缘政治因素在近现代发展进程中，依然对城市发展产生了重要的影响。但随着世界工业化进程和交通方式的改变，近代西安，依托传统农业社会经济基础，游离于西方殖民主义直接控制的势力范围之外，但城市功能和空间结构仍在时代风潮的浸润下逐渐注入了工业文明的丰富内涵，因而导致了城市空间结构维新式的变革，具有内陆城市近代化发展的典型性。至中华人民共和国成立，西安城市发展经历了较为剧烈的工业化发展和现代化的转型过程。总体来看，西安城市近现代发展经历了三个政权的更替发展过程，即 1840 ~ 1911 年的晚清帝国时期，1912 ~ 1949 年的中华民国时期，1949 年中华人民共和国成立至今。

　　新中国成立以来，西安城市发展自改革开放又经历了由计划经济转入市场经济的重大转型：自 1978 年始至 2002 年，是改革开放以来在管理制度转型、城市发展速度、空间规模扩展、城乡关系乃至城市化人口再分布等方面变化最为剧烈的时期，是城市发展不断扩张积累、不断出现问题和不断应对发展的特殊时期，也是城市不断顺应国家政策导向，调整发展的过程。直至 2001 年 12 月 11 日我国正式加入世界贸易组织 (WTO)，成为城市发展的阶段性转折点。因此，这一阶段是西安作为内陆城市在改革开放以来发展的重要时期，对该阶段的空间结构发展及其演变的研究有助于深入了解在这一遭变过程中的内在规律，有助于把握快速城市化进程中城市空间扩展及其发展的特征和机制，为城市科学发展决策提供理论支撑。同时，西安当代发展的空间进程，涵盖了城市建设历史、城市规划历史的重要内容，对于西安城市发展和规划历史的研究，无疑提供了基础。对于快速发展的当代西安具有重要的探索价值和理论意义。

该著作是刘淑虎博士的学位论文的进一步深化和完善：聚焦中国改革开放的重要转型时期，从制度转型、功能发展及城市形态变迁等方面揭示了西安城市空间结构演进的内在机理，研究从城市所处的自然、社会、经济、文化及其环境特征的多维度、多层次的分析入手，立足于城乡规划学的基点，借鉴了历史地理学、城市形态学等的研究方法，结合西安城市在这一时期的发展轨迹及其特征，通过建构"过程分析"—"特征识别"—"机制解释"的研究逻辑，并从空间拓展、制度变迁、经济发展、社会演进等方面，阐释其城市空间结构的特征、要素及其内在机制，揭示了城市这一特定历史时期发展的空间过程及其内在机制。该研究内容在确定之初已纳入"西安城市史（近现代卷）"研究课题作为支撑内容，并已经被列入国家"十三五"重点出版项目规划。刘淑虎博士的研究和撰写，用功颇深，不仅是对于西安特定历史时期的历史城市空间结构的研究，同时也是对于城乡规划学科领域的拓展，是基于城市空间历史发展特征的空间过程及其规律的探索，更是对于城乡规划历史理论研究方法论的探索。"书山有路，学海无涯"，很欣慰该研究成果即将面世，城市规划历史研究又添新生力量，欣然作序。

王云英

2017 年 9 月

目　录

1 绪 论

1.1 研究背景与对象

1.1.1 研究背景

（1）城市转型层面：改革开放以来中国城市转型的特殊性

西方发达国家的城市转型期普遍始于 20 世纪 60 年代，主要依托资本的全球化、产业结构向生产性服务业、公共机构及纯福利部门转化，进行全球化产业布局下城市转型。与之不同，中国改革开放以来的城市转型是在市场化、分权化与全球化的耦合下进行的，城市空间发展进入适应市场经济体制下空间资源配置阶段，中央集权配置资源和产品方式向市场配置资源转型。在此背景下，城市经济高速增长，城市空间急剧扩张，商品房市场迅速发展，城市景观面貌迅速改善，与之相关的城市功能类型、产业结构、社会结构处于不断演替中，衍生出分异空间、郊区化空间、消费空间、新产业空间等新空间类型。城市转型背景的差异，使得中国城市转型夹杂了计划经济和市场经济的体制摩擦，具有其自身的复杂性与特殊性。

（2）研究领域层面：中国城市空间结构转型研究的必要性与迫切性

中国城市空间结构演化的特殊性，使得西方城市空间结构的相关理论难以直接应用到中国城市的空间结构研究中，构建在中国城市空间结构演化特征之上的研究体系尤为迫切。然而，我国相关研究起步于 20 世纪 80 年代末，还处于理论探索中，未形成权威性的理论体系 [1]59，并在研究中存在诸多不足，如以物质空间为主导的城市空间结构研究，普遍以城市形态和土地利用变化、产业结构发展、道路交通演进等单一方向为主，将城市空间结构进行简单化，不利于解释其特殊性与复杂性。同时，相关研究集中于对沿海城市的研究，缺乏对内陆型、民族型等特殊类型城市的相关研究。研究体系的不完善性和内陆型城市研究的匮乏性，为本书选题提供了直接动力，使得对内陆型城市空间结构演化研究变为一种必要而迫切的任务。

（3）研究对象层面：西安城市空间发展的特殊性与研究的必要性

西安有 3100 余年的城市发展史和 1100 余年的都城历史，其发展建设深受传统历史文化的影响，城市文化一脉相承，成为见证中国城市建设史及规划史的重要载体，是中国历史城市人居智慧的典范。现代以来，伴随工业化、城市化、现代化的进程，西安历经了计划经济时期"城市—工业"的发展模式，实践了国家"自上而下"主导的城市空间发展轨迹，成为"一五"建设、"三线"建设的重点城市。改革开放以来，在国家市场化、分权化的制度调整下，西安成为中国首批计划单列市之一（1984年）、国家第一批历史文化名城之一（1982年）、内陆型第一批高新区国家级高新技术开发区之一（1991年）、内陆首批对外开放城市（1992年）等，成为内陆改革的试点城市之一。城市用地规模从1978年的95km²发展到2002年的202.66km²，引领了中国中西部地区城市现代化、市场化的转型进程。这一过程蕴含了中国内陆型城市空间结构发展的经验与失误、挫折与成功，在揭示改革开放以来城市空间结构转型的规律与问题方面具有典型性。

此外，与其他城市空间转型条件相比，西安城市内部分布了大量的历史遗址（汉长安城遗址、大明宫遗址、明城区、曲江池、大雁塔等），它们以不同尺度分布在城市内部，在维系城市历史、城市文化、城市精神的同时，与城市的现代化、工业化下的功能提升、产业转型等矛盾突出。协调保护与发展的关系成为西安城市空间发展的重要问题，加剧了城市空间结构转型的复杂性。在此复杂背景下的城市空间发展历程，蕴藏了城市空间结构演化的规划、管理、建设等方面的智慧，最具中国本土特征。因此，对改革开放以来西安城市空间结构演进的研究，有利于总结中国城市空间发展的本土智慧，促使中国本土城市空间发展规律的总结，为西安当前城市空间发展和城市管理提供科学依据的同时，也为"一带一路"沿线历史城市空间结构的发展规律研究提供实证基础。

1.1.2 概念辨析

（1）"城市空间结构"

城市空间的内涵最早来源于地理学的空间观，之后引入"场所"概念，在第二次世界大战以后逐渐成为一个世界性课题。在理论方面形成了生态学派、新古典主义学派、行为主义学派、新马克思主义学派、人文主义学派、新城市主义学派等[2]3。在学科属性方面，建筑学及城市规划学主要强调实体空间；经济学注重于解释城市空间格局形成的经济机制；地理学和社会学主要强调土地利用结构以及人的行为、经济和社会活动在空间上的表现[1]；政治经济学关注制度、权利、社会主体和城市空间之间的关系。在此过程中，城市空间结构的概念处于不断演化之中，通过对研究历程、研究学派和学科属性的相关概念的梳理，具有代表性的包括5类（表1-1）：

①"四维"城市概念下的"城市空间结构"

早期建构城市空间结构概念的学者为富勒（Foley, 1964）和韦伯（Webber, 1964）。其中，富勒提出了"四维"城市空间结构的概念框架,其认为城市空间结构的基本内涵为:第一,城市空间结构包括三种要素,即文化价值、功能活动和物质环境;第二,城市空间结构包括空间和非空间两种属性,空间属性是指文化价值、功能活动和物质环境特征;第三,城市空间结构包括形式和过程两个方面,形式与过程体现了空间与行为的相互依存;第四,城市空间结构具有时间特性[3]1-11。韦伯以空间属性为主导,认为城市空间结构包括形式和过程,形式是指物质要素和活动要素的空间分布模式,过程则是指要素之间的相互作用,表现为各种交通流[4]1-11。

城市空间结构相关概念汇总　　　　　　　　　　表1-1

人　物	空间要素	注　释	城市空间结构概念	学　科
富勒（Foley）	物质环境	城市实体环境,如土地利用等	城市空间结构的形式是空间分布模式与布局,过程是空间的作用模式,城市空间结构是形式和过程的统一体	地理学
	功能活动	人的活动类型在实体环境上区划与分布		
	文化价值	功能活动之间的供求关系		
韦伯（Webber）	物质要素	物质空间各要素的位置关系	形式是指物质要素与活动要素的空间分布模式,过程是要素之间的相互作用,表现为各种"流"	地理学 经济学
	活动要素	各种要素的空间分布		
	互动要素	城市中的各种"流"（如信息流、人流等）		
波纳（Bourne）	城市形态	物质设施、社会群体、经济活动和公共机构等个体要素通过相互作用形成城市大系统的子系统	城市空间结构是指城市要素的空间分布和相互作用的内在机制	系统学
哈维（Harvey）	城市形态	物质设施、社会群体、经济活动和公共机构等	城市形态与作为其内在机制的社会过程之间的相互作用关系	地理学 社会学
	社会过程	物质环境中的社会、经济、文化活动		
段进、武进、胡俊、张京祥	形态要素	城市实体环境、物质空间	城市空间结构是城市内部要素的空间分布及其组合关系,是城市经济、社会要素在空间（物质空间）上的投影	地理学 城乡规划学
	经济要素	经济行为在空间的投影		
	社会要素	社会行为在空间上的投影		

（资料来源:根据参考文献[2]、[3]、[4]中的相关内容绘制。）

②系统理论主导下的"城市空间结构"

波纳（Bourne,1971）运用系统理论的图示方式,描述了城市系统的三个核心概念（图1-1）:第一,城市形态是指城市各要素的空间分布模式;第二,城市各要素的相互作用将城市要素整合成一个功能实体;第三,城市空间结构以一套组织法则（包括经

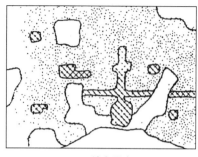

城市形态

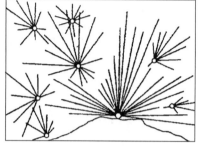

城市要素的相互作用

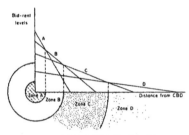

城市空间的构成机制

图1-1　城市空间结构基本概念

（资料来源：波纳（Bourne，1971):31）

济原则和社会规范）连接城市形态和城市要素之间的相互作用[3]。此概念定义了城市空间结构的构成要素及其相互作用，突出了动力机制在城市空间结构中的作用，为认知城市空间结构的系统属性奠定了基础，推进了城市空间结构概念的发展。对此哈维（Harve，1997）做了更为明确的论述：任何城市理论必须研究空间形态和作为其内在机制的社会过程之间的相互关系[5]。在此基础上，我国学者黄亚平（2002）将城市空间结构的概念定义为：城市空间要素在一定空间范围内的分布特征，以及各要素之间的相互作用[2]。

③土地利用主导下的"城市空间结构"

蔡平（ChaPin）与卡塞列（Korcelli，1979）从土地利用规划的角度认为，城市空间结构是活动体系、土地开发体系等在时空的持续，建立了以土地利用为主导的城市空间结构研究内容。卡塞列（Korcelli，1982）和维特汉（Wh1tehand，1984）进而对研究内容进行了界定。其中，卡塞列认为研究内容包括五大方面：城市居住结构的生态研究、土地利用研究、城市人口密度研究、城市内在机制、定居点网络及空间分异研究。而维特汉则认为城市空间结构是政治和公共政策关系的反映，研究内容应包括城市问题、居住流动与隔离、CBD、零售等[6]。与其相似，诺克斯（Knox）和马斯顿（Marston，1998）认为城市空间结构的本质是将人与活动分门别类地安置在不同的邻里和功能区的运行系统[3]。

国内相关研究较多，武进（1990）将城市空间结构看作城市功能分化和土地利用的地域结构[7]；胡俊（1995）认为城市空间结构是在特定地理条件下人类各种活动和自然因素相互作用的综合反映，是城市功能组织方式在空间的具体表征[8]；柴彦威（2000）认为城市空间结构是各种人类活动与功能组织在城市地域上的空间投影，是城市地域内部各种空间的组合状态[9]；朱喜钢（2002）将城市空间结构理解为城市物质要素在多种背景下所形成的城市功能组织方式以及其内在机制相互作用所决定的空间布局特征[10]。

④空间结构模式主导下的"城市空间结构"

克里斯多弗·亚历山大（Christopher Alexand，1964）认为城市空间结构是具有某种内在精神关系所构成的网络，体现为与一定的文化、一定的时代、特定的生活相结合的空间模式，揭示了城市空间结构的某种规则与序列。与其相似，阿尔多·罗西（Aldo Rossi）认为城市类型的特性决定了城市结构，其实就是一种为存在于地域社会特有文化体系中的集团意志所左右的构图[11]，揭示了社会主体与城市空间结构的关系[12]。

⑤社会关系主导下的"城市空间结构"

刘易斯·芒福德（Lewis Mumford，1964）认为，城市既是多种建筑形式的空间组合，又是占据这一组合的结构，并且是与之不断地相互作用的各种社会联系、各种社团、企业、机构等在时间上的有机结合，揭示了城市的社会空间属性[13]。与其相似，亨利·勒菲弗尔（Henri Lefebvre，1992）认为城市空间是社会的产物，每个社会都产生合适的空间。因此，空间不仅被社会关系支持，也生产社会关系，城市空间具有政治属性[14]。鉴于此，国内学者顾朝林等人（2000）认为，城市空间结构实质上就是城市形态和城市相互作用网络在理性的组织原理下的表达方式[15]，是在城市结构基础上增加了空间维的表述。此外，冯健（2004）认为，城市内部空间结构就是作为城市主体的人，以及人所从事的经济、社会活动在空间上表现出的格局和差异[16]6-7。

⑥概念辨析与提炼

国内外概念研究表明，概念演化历经了不同时代，对城市空间结构的本质认知具有共识性，是反映"空间"与"人的活动"之间的作用过程及其与城市空间发展之间的关系（表1-2），其差异点集中在要素、对象、内容、属性、机制等五个方面。因此，对这五方面内容的界定成为概念界定的关键。

城市空间结构概念纲要 表1-2

类型	内容
要素	物质要素、经济要素、社会要素、制度要素
对象	"空间"与"人的活动"
本质	"空间"与"人的活动"之间的作用过程及其与城市空间发展之间关系
内容	"形式"（空间要素的分布特征）和"过程"（要素之间的作用机理）
属性	空间感知属性、社会属性、经济属性、生态属性、时间属性、生态属性等
机制	包含在城市的社会关系、经济关系、政治关系之内，反映城市空间结构各要素（物质、经济、社会、制度）之间的相互作用关系及其相互作用过程，具有相对稳定的关联方式、组织秩序及其时空关系的内在表现形式与过程

（资料来源：根据城市空间结构的相关概念梳理。）

第一，要素界定。相关概念中涉及的要素为"物质要素"、"文化价值"、"经济要素"、"互动要素"、"社会过程"、"社会要素"等领域，有学者将其归纳为物质要素、经济要素、社会三类。而在国内的相关研究中，学者普遍认为制度是推动城市空间发展的原动力，应将其从社会因素中分离出来。本着完整性、本土化、系统性的原则，城市空间结构因素应包含物质因素、经济因素、社会因素、制度因素。

第二，对象界定。学者普遍认为，"空间"与"人的活动"是城市空间结构的基本对象；但在研究体系中，由于对"空间"和"人的活动"的理解差异，对象的界定从最初的空间要素的区位分布逐步深入到社会空间、经济空间中，进而涉及社会关系和经济关系中，但其基本对象没有发生本质变化。

第三，内容界定。概念流变中，普遍认为城市空间结构的基本内容是"空间"与"人的活动"之间的"形式"（空间要素的分布及其特征）和"过程"（要素之间的作用机理），以及两者之间的作用过程及其与城市空间发展之间的关系。

第四，属性界定。富勒提出了城市空间结构的空间感知属性和时间属性；"场所"概念揭示了城市空间结构的文化属性和社会属性；蔡平、卡塞列和亨利·勒菲弗尔揭示了城市空间结构的政治属性；另一些学者认为城市空间结构具有生态属性、经济属性等。因此，属性的认知与学科体系发展相关联。综上所述，城市空间结构的属性包含空间感知属性、时间属性、政治属性、经济属性、社会属性（包含文化）、经济属性、生态属性等。

第五，机制界定。波纳（Bourne，1971）首次将动力机制纳入城市空间结构中，自此之后，机制成为反映城市空间"过程"和要素"关系"的核心内容。在认知历程上从初期的"结构因素的形态特征"上升到社会关系和政治关系下"空间结构各要素的相互作用关系及其相互作用"。综合相关研究，学界普遍认为机制是包含在城市的社会关系、经济关系、政治关系之内，反映城市空间结构各要素（物质要素、经济要素、社会要素、制度要素）之间的相互作用关系及其相互作用过程，具有相对稳定的关联方式、组织秩序及其时空关系的内在表现形式与过程。

通过以上讨论，广义上可认为，城市空间结构以"空间"和"人的活动"为对象，在不同时间维度和空间尺度内，反映城市空间结构各要素（物质、经济、社会、制度）之间的相互作用关系及其相互作用过程，具有相对稳定性、关联性、组织性、时空性的特征。具体产生了不同要素主导下的城市空间结构。其中，城市物质空间结构是指由建筑、城市设施等构成的城市空间表征，是一定的地域范围和社会发展阶段中城市经济、社会、文化等人类活动的现象和过程，是城市经济、社会、文化等属性的载体 [17-18]9-10；城市经济空间结构关注土地、劳动力、资本等稀缺资源在城市中的分配，研究资源配置方式以及公共服务供给问题（Cadwallader，1985）[19-20]；城市社会空间结构关注城市中的社会问题和空间行为特征，解释城市中社会组织和社会运行的是时空特征和过程。本书对城市空间结构的研究主要指城市物质空间结构，研究城市功能空间的分布及其相互关系。作为"关系"的表现，城市空间结构凝聚着社会文化，关联着经济、技术，并与人的意识相整合[20]。作为"过程"的表现，城市空间结构在各种关系的作用中使自身耦合在城市空间发展的轨迹中。

（2）"城市空间发展"

目前，"城市空间发展"在城市地理学、城市经济学等学科中还没有一个严格的定义，与之相近的概念有"城市空间增长"、"城市空间成长"、"城市空间拓展"、"城市空间扩展"、"城市空间扩张"。在广义上，它们与"城市空间发展"相近概念没有严格区别，均是对城市地域空间扩大的一种表述。在狭义上，各词汇对城市空间扩大的空间维度、方式、规模等方面侧重点不同，在各自的研究领域内形成一定共识性。

其中，"城市空间增长"在城市经济上体现为城市经济总量的增加，在城市空间上体现为城市地域空间范围的迅速扩大与延伸，体现为城市规模、分布、结构的增长（顾朝林，2000）；"城市空间扩张"是中国体制改革背景下特殊的空间演化形式，描述在中国分税制改革、住宅商品化、户籍制度松动化、土地有偿使用等一系列市场化的改革下，城市规模向外快速扩大的发展时态，主要表现为城市规模外延式的范围扩大；"城市空间成长"侧重描述城市空间发展阶段由低水平向高水平阶段的演进，品质的不断优化，既包括外向型拓展，也包括城市内部用地的调整与改造，在表示城市空间集约化程度较高、城市空间功能分化与结构优化时应用较多[21]；"城市空间拓展"表示空间迅速发展、不断跨越门槛的过程（杨红军，2006）[22]；"城市空间扩展"表示城市空间在水平方向上延伸的连续性（许彦杰，2007）[23]。

除此之外，段进（1996）[24]从空间规划的视角认为城市空间发展观包含社会文化、经济技术、建设环境、政治政策等方面的各种影响因素，对城市空间发展起到了内在的结构性作用，形成了新规律，具有整体性、综合性、内生性的特征，认为"发展"的问题就是经济增长的问题，发展的过程是以人为中心的自身发展过程。他揭示了"城市空间发展"具有着眼于未来空间优化与调整的含义，即目标导向性。在此基础上，沈磊（2004）[25]将"城市空间发展"总结为：空间在地域上的整体性、在功能上的综合性和在动力上的内生性。

综合上述关于"城市空间发展"相关概念辨析，本研究中，"城市空间发展"在广义上是指城市规模（人口规模和用地规模）和功能的外延和内涵变化，表现为城市建设用地的范围在二维空间上的向外延伸和在三维空间上的"厚度"增加，城市功能在空间变化中的调整与更新（张沛，2011）[21]。在狭义上，"城市空间发展"具有历史状态和目标状态两种状态。其中历史状态表现为"城市空间外延与内涵的变化"，而目标状态表现为"空间在地域上的整体性、在功能上的综合性和在动力上的内生性"。本书将"城市空间发展"

的狭义概念界定为：城市空间由一种状态进入另一种状态的连续不断的历史变化过程，体现为城市规模与功能的外延与内涵变化。

1.1.3　研究对象

（1）研究尺度

相关研究对城市空间结构存在两个方向；其一是将城市看作一个点，研究区域中的城市空间组织，城市与区域关系、城市与城市关系成为研究重点；其二是将城市看作一个面，研究城市内部的空间结构，城市要素的地理特征及相互关系成为研究重点[26]。在研究属性上分为历史研究和空间优化研究两类。历史研究是以某个时段内的城市空间发展过程为对象，在研究城市空间的演化过程、特征、机理等基础上，揭示城市空间结构演化的规律；空间优化研究是以空间发展目标诉求为导向，研究未来城市空间结构调整及优化措施，以促进城市空间的可持续发展。

基于对城市空间结构研究的现状认知，本书是以历史段落中西安城市空间发展为对象，将西安看作一个地域单元，通过对城市地理空间实体演变的研究，研究城市内部的空间组织，揭示特定历史时期西安城市空间结构演变及其内在的规律性。

（2）研究时段

西安见证了3100余年城市发展史，在中国城市空间发展历程中具有重要意义，也因此产生了与城市空间结构相关的大量研究成果，并且在某些领域内已形成研究体系。在此背景下，本书研究时段的选择首先要避免与现有研究成果相重复，使得研究时段具有必要性；其次，研究时段应具备一定的典型性，体现出城市空间发展动力、发展模式、动力机制发生的重大变化；同时，研究时段要契合城市空间结构发展的周期，并在学界具有一定认同性，以便呈现城市空间结构转型周期。

以必要性、典型性、科学性为原则，本书以改革开放以来至21世纪初作为核心研究时段，研究西安城市结构发展特征与规律。研究时段选择的成因与意义体现为以下两点：

第一，延续研究传统，填补西安城市空间结构研究的薄弱时段，促进研究体系构建。目前，关于西安城市空间结构相关的研究主要集中在对周、秦、汉、唐、明清时期，且在广度和深度上都收获颇丰。近年，关于新中国成立以来的研究成果不断增多，但大部分是以城市空间未来调整与优化为主导的研究，缺少以历史过程为对象的系统性研究。因此，本书将研究时段纳入当代西安城市空间结构发展的时间背景中，研究西安城市空间结构发展过程，在研究时段上有利于填补空白。此外，以笔者导师为主导的研究团队已经对1840～1949年这一时段进行了系统研究，且构建了以历史地理学为基础的城市空间结构研究体系。为延续历史时段的研究内容，本书将西安当代城市空间结构历史作为研究重点之一，并依托西安城市空间结构发展的整体特征，将这一时段划分为三个时间段落（计划经济时期、市场经济转型时期、21 世纪以来）展开相关研究。笔者作为研究团队的一员，秉承课题组历史研究传统，选取市场经济转型时期作为研究时段，以便透视西安工业化、城镇化历程及其特殊性，完善关于西安城市空间结构发展的研究成果。

第二，契合改革开放以来中国经济—社会—制度多重转型的时段特殊性，梳理西安城市空间结构发展规律。在国家层面，改革开放以后至 21 世纪初是中国经济体制从计划经济向市场经济的转型时期，是城市空间支配方式从中央集权配置资源和产品向市场配置资源转型过渡时期，也是中国城市发展理念从"城市—工业"向城乡统筹发展转变时期①。这一时期蕴含了制度环境、经济体制、价值体系、治理方式的变迁过程，聚焦了当代中国城市发展"时空压缩"、"增长主义"的核心特征。在西安城市层面，改革开放以后至 21 世纪初是西安城市形态从"多组团"向"圈层"格局的演化时段，是城市性质从"生产性"向"消费性"转型的过程；产业结构从传统重工业主导产业向高新技术产业为主导产业的转型阶段；这一时段见证了城市功能区、土地利用、产业系统等围绕市场化过程而进行的结构调整与适应过程，同时见证了经济产业结构与城市空间结构逐渐适应现代社会发展的需求的转型过程，在西安城市空间发展中具有其特殊的历史内涵和阶段性特征。

（3）研究范围

城市规模的扩展会促使城市空间关系的复杂性，而空间关系的复杂进而会促进城市规模的扩展。因此，城市规模应当成为确立城市结构范围的重要因素之一。而城市规模的界定与产业空间联系、城市功能的区位布局、城市形态相关联，因此，空间联系、城市功能区位、城市形态特征是城市空间结构范围的边界条件。基于此认知，本书将研究范围确立为改革开放以后至 21 世纪初的西安中心城区，在空间联系上不包含临潼县、阎良区等边缘区域，具体范围为北至渭河，南至潏河，西至皂河，东至灞河及纺织城。

1.2 研究目的与意义

1.2.1 研究目的

城市空间结构集聚了城市空间物质、经济、社会等要素的相互关系及其作用机理，通过城市空间结构研究可以揭示城市空间发展的本质特征与规律，为城市形态、可持续发展等相关研究提供主线。在改革开放以来的市场化、分权化、全球化的整体语境下，结合本书研究时段、研究体系、研究内容等方面的特征，立足城市空间本体的演化过程，

---

① 2003年中共十六届三中全会确立的城乡统筹发展理念，使城市发展从"城市—工业"的方式转向"城乡统筹"。

研究空间要素特征及其互相作用关系，主要研究目的为以下四点：

第一，在研究领域方面，构建内陆历史型城市空间结构演进的研究体系，为同类型城市空间结构研究提供技术路径。

第二，在研究时段方面，弥补改革开放以来至21世纪初西安城市空间结构综合性研究的不足，促成西安城市空间结构发展研究的全时段覆盖，推进西安城市空间结构全时段的研究体系构建。

第三，在研究内容方面，以城市功能空间为载体，用定量分析法划分西安城市空间发展的段落，通过各阶段结构特征和动力机制的研究，揭示西安城市空间结构发展规律。

第四，在结论应用方面，通过对西安城市空间结构经验与不足的总结，为未来西安城市空间发展、空间规划、城市管理提供实证依据，进而促进西安城市空间结构的可持续发展。

1.2.2　研究意义

（1）理论意义

以结构主义、新马克思主义、系统动力学、城市形态学等理论为基础，针对西安城市空间的特殊性，整合了物质、经济、社会、制度等要素，构建以"过程分析"—"特征识别"—"机制解释"为路径的城市空间结构研究体系，将城市空间结构的动态特征与静态特征相结合、总体特征与功能特征相结合、形态特征与指标特征相结合，总结西安城市空间结构演化规律。研究体系是对相关研究体系的系统整合与创新，在城市空间结构理论研究层面具有推动意义。同时，拓展了研究的时间段落，与西安的相关研究时段进行无缝衔接，促成西安城市空间结构在研究时段上的全覆盖，对西安城市发展的理论体系构建具有推动作用。

（2）现实意义

改革开放以来的城市空间发展过程是一种超常态的拓展过程，是中国城市发展的特殊时段。通过此时段西安城市空间结构演进历程的实证研究，总结西安城市空间结构在此时段中的演变规律，挖掘西安城市空间发展中历史遗存保护与发展、城市规划与城市管理、形态传承与扩展等方面的人居环境智慧，为当前西安可持续发展提供科学依据。

1.3　研究内容与方法

1.3.1　研究内容

以西安城市空间结构的发展的"时段"、"特征"、"机理"、"规律"为脉络，研究

内容为六大部分、七个章节。其中第一章、第二章为本书的研究基础，阐明选题依据
和研究体系；第三～六章为研究的核心内容，研究西安城市空间结构的历史地理基础、
时段脉络、发展特征和动力机制；第七章为研究结论。各部分的研究内容及研究结构
具体如下：

（1）第一部分：研究背景及范围界定

以阐释选题理由、目的、意义、内容为目的，确立本书研究逻辑、技术路线和研究框架。
首先，通过对国家层面、研究领域层面、西安层面阐明研究西安城市空间结构研究的必
要性、迫切性、特殊性，确立研究目的及意义；其次，以"城市空间结构"、"城市空间发展"
等概念辨析为基础，确立研究方向、界定研究时段、研究范围；最后，从研究方法、技术
路径等方面阐明本研究的科学性与可行性。

（2）第二部分：城市空间结构的相关研究基础与研究体系构建

以确立城市空间结构研究体系为目标，梳理和总结国内外相关研究进展，为本书
研究提供理论基础和技术路径。首先，分国外—国内—西安三个层面梳理物质空间视
角、经济属性、社会属性、制度变迁、动力机制的研究进展，理清相关研究在城市空
间结构过程分析、特征识别、机理解释等方面的研究启示，总结城市空间结构在不同
文化、经济、政治等学科体系下的研究路径、方法、理论，为本研究提供理论基础。
其次，在遵从历史研究基本逻辑的基础上，确立"过程分析"—"特征识别"—"机
制解释"的研究路径，并将研究体系划分为过程分析和机制解释两个层面。最后，在
相关理论基础上，分别构建了"过程分析体系"和"机制解释体系"。其中"过程分
析体系"是在基于城市历史形态研究方法的基础上，将城市空间结构的过程分为"空
间格局"和"功能类型"两个层级，通过两个层级的特征叠加，总结城市空间结构的
阶段特征；"机制解释体系"是基于伯恩斯的"能动者—系统动态学"理论启示下，分"动
力因素"和"社会主体关系"两个层级，通过两个层级的耦合关系解释西安城市空间
结构的演化机理。

（3）第三部分：西安城市空间演进基础和历史分期研究

以阐明西安城市空间结构演进的历史地理基础和划分历史分期为目的，研究城市空
间发展基础和改革开放以来西安城市空间结构演进的经济—社会背景。首先，以西安历史、
地理、空间演化轨迹为主线，阐明西安城市空间演进的地理条件、历史背景和空间发展
基础；其次，将研究时段纳入经济、社会的宏观背景中，从制度、社会、经济、空间拓展
四个方面梳理了西安城市空间结构发展的整体脉络，理清本书研究时段在西安城市空间
发展中的角色和地位；最后，在衔接时段脉络的基础上，划分西安城市空间结构的发展阶
段及时间节点，并阐明划分阶段的经济—社会发展脉络。

（4）第四部分：西安城市空间结构演进的过程分析及特征识别研究

以西安城市空间结构演进的过程分析和特征识别为目的，依托本书构建的"特征分析体系"，总结西安城市空间结构演进的阶段特征，为本研究的核心内容。首先，从"空间格局"和"功能类型"两个层面分阶段研究城市空间结构的演化过程，阐明阶段演化过程的异同；其次，在总结"空间格局"和"功能类型"特征的基础上，通过特征叠加，识别城市空间结构演进的阶段特征，阐明西安城市空间结构演进的典型性与特殊性。

（5）第五部分：西安城市空间结构演进的机制解释研究

依托本书构建的"机制解释体系"，分"动力因素"和"社会主体"两个层面研究城市空间结构作用机制及其空间结构响应。首先，以动力因素的类型界定为切入点，以空间性因素、文化性因素、秩序性因素、经济性因素、技术性因素为脉络，分别阐述改革开放以来的因素演化及其空间响应，阐明各因素的作用机理；其次，以社会主体为对象，在阐述各主体的作用及其相互关系的基础上，理清主体互动下的空间结构响应；最后，在两个层面研究基础上，将其纳入西安城市空间结构演化的阶段中，通过两个层面的耦合关系分阶段解释西安城市空间结构演化的机制。解析不同动力类型下的影响因素及其空间响应机制。

（6）第六部分：研究结论与展望

以本研究的结论总结为主导，对研究的主要结论、研究创新点、研究展望进行归纳和高度提炼。首先，在研究结论方面，对西安城市空间结构演化的历史阶段划分、结构特征识别、机制解释的研究方法和结论进行总结，归纳了西安城市空间结构演进中的典型性与特殊性；其次，从研究结论、研究方法、研究对象三个层面总结研究创新点，并对其内容进行阐述；最后，从研究内容、研究领域、研究对象、研究方法等方面展望未来研究的拓展方向。

1.3.2 研究方法

依托历史研究的条件与城市规划的学科属性，针对本书的研究内容，采取与之相契合的研究方法：

（1）文献分析法

与城市空间结构相关的研究成果众多，涵盖了社会、经济、地理、制度等内容，如何在此基础上确立西安城市空间结构研究的理论基础，是本书理论研究和体系构建的关键。文献分析法主要用于相关研究进展的梳理与总结，通过对国内外相关研究文献的梳理，总结城市空间结构的理论基础、研究体系、研究视角、研究结论，以便确立适宜西安解析西安城市空间发展历程的理论基础和研究方法。此外,本书研究课题属于历史研究范畴,与西安城市空间发展相关的历史档案、地方志、地图成为研究西安历史过程的第一手资料，通过对这些历史档案资料梳理与总结，挖掘有关西安城市建设、城市制度、产业发展等历史事件、会议、人物等，为解析西安城市空间发展特征提供基础。

（2）实地调查法

实地调查的方法是历史研究的主要方法，主要用于土地利用、空间格局、城市公共空间、历史轴线等方面特征的核实，是对文献资料的有益补充，对提升研究的科学性有积极帮助。此外，通过对了解西安城市空间结构演进过程的专家、市民、管理者（机构）等不同人群的访问，获取与城市空间演化过程相关的城市发展论证、社会文化演进等内容，为城市空间发展特征及其问题总结提供基础。

（3）图谱分析法

在应用城市形态相关理论的基础上，结合地图还原法与数理统计方法，以图表为分析对象，对历年人口、经济产值、土地利用、城市投资、住房建设、道路建设等数据进行统计与图谱化梳理，分析物质要素、经济要素、社会要素、制度要素对城市空间结构演进的作用。此外，通过地图复原，利用地图符号语言表达的直观性特征，以城市发展历史时期中具有特殊性的节点，展现各个时期的静态特征，并将这些静态的历史断面进行对比，从而体现其发展的空间过程，阐明城市空间系统的研究过程与结论。图谱分析法应用于西安城市空间结构的特征、属性、机理等研究中，贯穿于本书研究的始末。

（4）系统分析法

城市空间发展过程是复杂系统的演化过程，包含了内部与外部、自组织与他组织、内生与外部等不同的系统关系，应用系统分析法利于遵从城市空间发展的系统周期，从不同维度、不同发展时态开展城市空间研究，进而总结城市空间发展的系统特征与规律。本书采取的系统分析法主要应用于研究体系和机理分析中。其中，在体系方面整合地理学、历史地理学、城乡规划学、建筑学等学科的研究体系，采用学科交叉的方法对西安城市空间发展过程、特征识别、机制解释展开研究，对城市空间发展的社会、经济、制度应用城市社会学、城市经济学、制度经济学的相关原理进行城市子系统研究，揭示城市空间发展的属性特征与物质变化之间的相互关系；在机理分析方面，应用系统动力学原理解析改革开放以来西安城市空间发展的动力机制。

1.4 研究框架

本书研究技术路线见图 1-2。

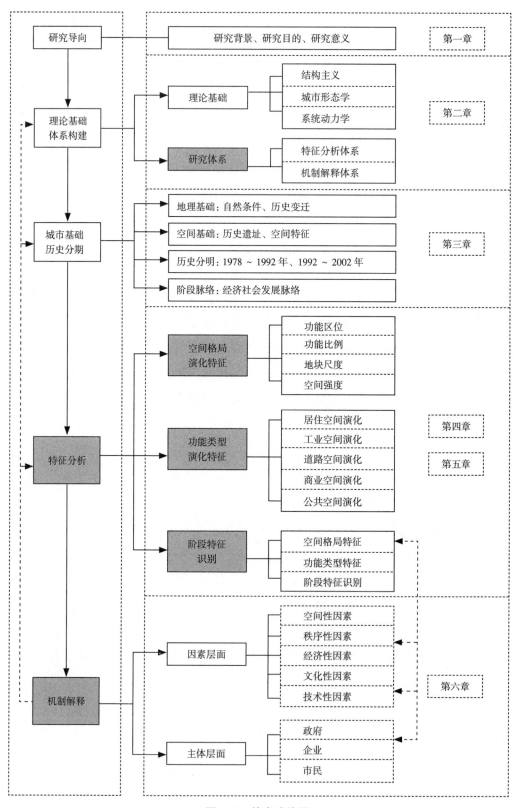

图1-2 技术路线图

2 城市空间结构研究基础与体系构建

城市空间结构一直是多门学科竞相参与的研究领域，随着世界经济结构和城市社会文化的不断演进，产生了不同历史时期、不同哲学思潮、不同学科背景下理论和方法，它们成为开展城市空间结构研究的理论和实践基础。因此，为确立与本书研究对象、研究目的相匹配的理论体系，梳理与总结国内外相关研究进程成为研究的首要任务。

本章以确立本书城市空间结构研究体系为目标，从国外—国内—西安三个层面总结城市空间研究的角度、方法和内容，述评研究进展；同时，结合改革开放以来西安城市空间发展的城市属性，遴选研究的理论基础，并在此基础上构建西安城市空间结构研究体系，为开展西安城市空间结构演进研究提供理论框架。

2.1 城市空间结构的研究历程

城市空间结构研究已有 150 余年的历史，地理学、社会学、经济学等学科背景的学者参与其中，形成不同学科背景下的研究理论。唐子来（1997）、田宝江（1998）、段进（1999）、黄亚平（2002）、孙施文（2007）等人通过对国外城市空间结构研究进展的研究发现城市空间结构研究进展与人文地理学哲学思潮、相关学派的发展有密切关系[5]。学界普遍认为，西方城市空间结构研究整体历经了四个阶段：

第一阶段（1920～1950 年）是起步阶段，在此阶段城市社会空间结构的三大古典和人口分布的 CLARK 模型产生，城市地理学作为独立的分支科学开始形成，居住的郊区化发生。第二阶段（1950～1960 年）是模型化研究时期，这一时期中，随着地理学计量革命的兴起，三大古典模型得到修正，一系列以"物质—经济"为主导的分析模型大量产生，人口迁居理论以及人口分布模型得到发展；城市社会空间结构研究作为一个新领域逐步形成，城市经济学发展为独立学科；生态学派、区位学派、新古典主义学派、行为学派成为主流；工业的郊区化发生。第三阶段（1970～1980 年）是多元化研究时期，人本主义、行为主义、结构主义及后现代主义等哲学思潮涌现，以政治经济学为主导相关研究数量增多，逐步成为社会学家研究城市问题的理论基础，城市蔓延发展较快。第四阶段（1990 年以来）是区域化、网络化、可持续化发展研究时期，研究方法由传统的统计分析向信息化和多智能体模型转变[2, 6]。

在国内方面,以万方数据库为依托(图2-1),结合黄亚平(2002)[27]、周春山(2013)[28]等人对中国城市空间结构研究阶段的研究表明,改革开放以来国内城市空间结构研究整理历经了三个阶段:第一阶段为理论引入与城市实证研究起步期(20世纪80～90年代中期),第二阶段为研究积累期(20世纪90年代中期～21世纪初),第三阶段是多元化时期(21世纪初以来)。其中在研究起步阶段引入西方城市空间结构基本理论,包括城市空间布局等理论、中心地理论、城市土地利用模式、生态因子法的社会空间结构模式研究等理论。在实证方面,学者对广州、南京、北京的社会区模式开展研究,总结计划经济时期的城市发展特征等。研究累积阶段(20世纪90年代中期～21世纪初),研究重点转向对城市空间结构动态演化及机制的分析,城市空间功能与结构演化研究、模型研究(人口变化模型、社会区模型、住房结构模型、宜居城市模型)和动力因素研究成为主要内容,实证研究成果较多[29];在多元化时期(21世纪初以来),模式研究和新城市空间现象研究成为主导,在方法上注重分形理论、复杂科学等新方法的应用。以西方城市空间结构研究的方法论流变为脉络,中国的城市空间结构研究整体处于人本主义、结构主义主导时期,由此发展的行为方法、结构方法等成为主要研究方法[30](图2-2)。

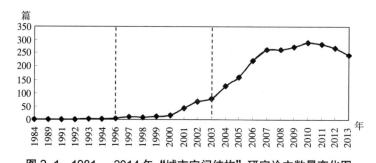

图2-1　1981～2014年"城市空间结构"研究论文数量变化图

（资料来源：万方数据库输入"城市空间结构"的数据,截至2014年3月14日18：00时。）

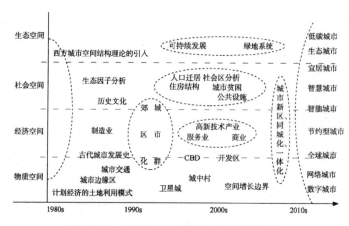

图2-2　中国城市空间结构相关研究演化

（资料来源：周春山,叶昌东.中国城市空间结构研究评述[J].地理科学进展,2013(7): 1030-1038.）

2.2 城市空间结构的研究进展

依托城市空间结构研究的视角差异，将相关研究归纳为物质空间视角、经济属性视角、社会属性视角。

2.2.1 国外相关研究

（1）物质空间视角

城市物质空间是指由建筑、城市设施等构成的城市空间表征，是一定的地域范围和社会发展阶段中城市经济、社会、文化等人类活动的现象和过程，是城市经济、社会、文化等属性的载体[17-18]。物质环境的空间"静态特征"及其"动态特征"成为研究的核心内容。其中，关于"静态特征"的研究注重对空间认知和空间分析的研究，历经了物质形态→功能空间→文化价值→全球化的研究历程；而关于"动态特征"的研究，是通过对物质空间演化过程及动力机制的研究，产生了揭示城市物质空间演化的不同理论与学派。

工业革命以前城市空间结构研究主要侧重于城市表面形态的揭示，注重城市空间结构及形态所呈现的直观表象的美感，把城市空间结构同发展过程分离开来论述其特性[31-32]。吉迪·肖伯格（Gideon Sioberg）的研究表明，工业革命前的城市都是以自然经济为主的社会经济结构，其空间结构具有共同特征，并将其归纳为八个特征[33]。工业革命以后，由于世界范围内的城市化速度加快，经济—社会结构的变迁催生城市空间结构复杂化、阶级冲突凸显化、环境恶化等城市空间现象，城市空间结构研究在这一背景的推进下开始了系统化探索[34-35]。

20世纪50年代以来，伴随实证主义、行为主义、人文主义、结构主义等学派和研究方法的兴起，以社会空间和经济空间为对象的相关研究占据主导地位。受此影响，20世纪50～90年代，城市空间结构的研究重点逐渐转入信息化对人类聚居行为、生态环境可能的影响方面，关注城市文脉的连续以及空间结构的梳理[35]。在此过程中，西特（Sitte）提出了城市空间的视觉艺术原则，凯文·林奇（K.Lynch）提出了城市意象五要素，雅各布（V.Jacobs）提出城市交织功能，亚历山大（C.Alexander）提出半网络城市，以及杜克塞迪斯（Doxiadis）的动态城市理念、麦克哈格（L.Mcharg）的自然生态城市、罗尔（C.Rowe）的拼贴城市、列波帕特（A.Poporti）的多元文化城市等研究，都反映了高科技发展下城市空间出现的社会、环境、文化等问题[31, 36-38]。并在理论与实践层面探索弹性化城市空间及多元化城市空间规划策略，强调对城市内部各功能进行重新分化和整合的微观层面的优化设计[35]。

20世纪90年代后，相关研究向区域化、信息网络化发展，研究重点进一步转向城市空间机制的研究，在研究体系上向学科交叉转型[33, 39]。大量定量化的研究技术应用于城市空间形态及扩展研究方面，如 GIS 和遥感技术、分形方法、细胞自动机技术等，拓展了城市形态的研究领域，提高了研究的理论深度（White，1993；White & Engelen，1997）。

对于城市物质空间结构"动态特征"的研究主要集中于透视和剖析隐藏在背后的城市内部变化机制。主要研究方法分为两类：一类是基于生态学视角的空间格局及其相互依赖关系的研究，认为都市区位的形成过程表现为浓缩、离散、集中、分散、隔离、侵入、接替[3]；另一类是通过划分城市空间结构的演进阶段，分析阶段性的城市空间"演化过程"及其动力机制研究。关于此类的研究结论较多：康泽恩（Conzen，1960）通过引入"边缘地带"（fringe belt）和"固结界线"（fixation line）概念去研究城市空间演化阶段，认为判识"固结界线"（包括自然因素、人工因素和无形因素）是划定城市空间发展阶段的核心依据；斯梅尔斯（Smailes，1966）的研究表明，外部扩展和内部重组构成了城市物质形态演变的主要内容，其空间演化方式为"增生"和"替代"[18]；R·A·Erickson（1983）将城市空间结构的演化过程总结为边界外溢、分散跳跃、内部填充三种演化模式；Edward W.Soja（1959）的研究表明，城市空间化的序列是累积性的，反映出投资、工业生产、集体消费和社会斗争等各种地理状况的明显变化[18, 33]。

相关研究表明，城市物质空间结构的演化具有阶段性的特征，不同阶段城市空间扩展的方式不同，"外溢"、"分散"、"填充"等成为城市空间扩展的基本模式；"增生"和"替代"是空间演化的基本方式，城市空间具有积累和多层次的特征；而快速工业化和城市化是城市空间结构复杂的基本背景。在研究内容方面，关于动力机制的研究逐步被重视，并成为城市空间结构研究的主要内容。

（2）经济属性视角

经济视角下的城市空间研究普遍与土地、劳动力、资本等稀缺资源在城市中的分配，研究资源配置方式以及公共服务供给问题（Cadwallader，1985）[19]。主要理论学派有新古典主义学派、行为学派和新经济地理学派等，研究交通成本、土地成本、区位成本三者关系下城市土地使用的空间布局的模式和规律；

新古典主义从最低交通成本的角度研究城市资源配置的最优化过程（唐子来，1997），提出"地租竞价曲线"（Alonso，1964），认为城市地价与城市中心距离相关联，呈现距离递增下价格递减特征。在此基础上，有学者通过对"地租竞价曲线"前提动力因素的修正和补充，提出"收入隔离理论"（Alonse，1964；Muth，1969）、"成本—收益理论"等补充性理论，用于解释居住、工业、公共设施（教育和医疗）用地的布局原则。作为一种规范理论，新古典主义是以完全竞争、匀质空间、生产要素的无成本资料流动为假设前提，采用静态和均衡的研究方法，存在较大的局限性（唐子来，1997；付磊，2008）。

而行为主义强化对人的价值观和意识的研究，将其纳入到研究范畴中，研究现实状况下的空间经济行为与城市土地区位之间的关系。认为影响居住用地的主要因素是家庭经济、地位、文化职业、宗教、自然环境和公共设施服务水平，而劳动力状况、居住环境和区域政策是企业选址的主要影响因素。行为主义侧重于人的认知行为与城市环境的相互关系，忽视了社会形态对个人的制约作用。

从 20 世纪 90 年代初开始，以克鲁格曼（Krugman，1995）、藤田为代表的新经济地理学派（New Economic Geography）利用"垄断竞争模型"，借助萨缪尔森（Paul A.Samuelson）的"冰山"原理，把区域经济活动聚集和扩散的内在机制用数学模型表达出来，提出了区域化和城市化经济[40-41]。

（3）社会属性视角

社会视角下的城市空间结构研究，关注城市中的社会问题和空间行为特征，解释城市中社会组织和社会运行的时空特征和过程，通常被理解为城市社会空间结构，也被理解为城市空间结构的社会属性。对于城市空间社会属性的研究，最具代表性的是伯吉斯（E.W.Burgess，1925）的"圈层式模式"、霍伊特（Homer Hoyt）的"扇形模式"以及麦肯齐（R.D.Mckenzie）的"多核模式"。20 世纪 70 年代以来，伴随西方城市社会空间矛盾的凸显，社会视角的城市空间结构不断增多，并在 90 年代以来成为城市空间结构研究的主导方向。同时，基于古典社会学、马克思主义、人本主义、新古典主义、行为主义等理论基础上发展形成的新马克思主义、新韦伯主义成为代表性理论，总体上都可以归纳为制度学的分析框架[42]。它们关于城市空间社会属性的特征判识和动力机制的解释构成了研究的主要内容。

新马克思主义形成于 1970 年，以列斐伏尔（H.lefebvre）、卡斯泰尔（M.Castells）和哈维（D.Harvey）为代表，以马克思主义政治经济学为基础，研究生产方式与城市发展之间的制约关系。以空间生产、消费、社会结构之间的关系为基本内容，将城市发展过程与社会结构相关联，认为社会经济结构是决定城市空间结构的深层机制。主要研究方向为空间生产、集体消费、资本积累。

关于城市空间生产过程方面，斐伏尔通过引入社会空间、生活空间以及社会实践和空间实践的概念，揭示出实际的空间生产过程。认为空间的生产源于人类的社会实践活动，社会实践尤其是与劳动相关的行为将自然空间转变为社会空间，在这一转变过程中，人类的生产关系在空间中得以固化。并将空间化历史过程理解为绝对的空间、神圣的空间、历史性空间、抽象空间、矛盾性空间、差异性空间六个阶段[43]。

关于集体消费与空间过程方面，卡斯泰尔将城市问题归结为集体消费，认为城市发展和演变过程是资本家阶级和劳动者阶级相互斗争的结果。在市场体系下，政府通过对集体消费的介入影响了城市空间结构的演变，认为城市的社会变迁是城市意义的再界定过程[44]。

关于资本积累与城市过程方面，哈维应用资本的三级环程理论，在分析资本运动和城市空间发展的关系的基础上，认为城市的发展过程就是生产、流通、交换和消费的物质基础设施的创建过程，而资本的动态过程和国家对劳动力再生产过程是城市发展与演变的真正动因[45]。

新马克思主义作为研究城市空间结构的一种社会视角，从早期的片面化不断发展产生新的理论，引发了以政治经济为主导城市空间结构的研究理论，产生了结构二重性理论（Giddens，1993）、社会规划体系理论（Burns，2000）、城市政体理论等具有代表性的相关理论，促进了以社会关系和社会过程为对象的社会视角的理论和实践研究。

与新马克思主义不同，新韦伯主义学派认为，对城市空间结构产生影响的是社会制度。在研究理论上注重"住房阶级"和"城市经理人"的研究。在"住房阶级"方面，雷克斯（Rax）和摩尔（Moore）将圈层式理论与韦伯理论相结合分析城市中各个社会群体争取资源的状况，提出经济地位（市场价值）、社会地位和政治权力是导致社会分层的三个主要因素。国家和私人资本对城市住宅进行投资促成了住宅市场的兴起，产生了不同的"住宅阶级"。关于"经济人"理论方面，帕尔（Pahl）的研究表明，社会冲突的根本原因是城市资源的分配不公造成的，这是因为由市场和官僚制所形成的"城市经理人"的控制着城市资源的分配，使得城市资源无法被多个人或团体同时占有，产生了个人生存机会分配的不平等模式，进而引发城市内部社会问题[19]。

新马克思主义（结构主义）和新韦伯主义继承和发展了芝加哥学派对城市空间"过程"的研究传统，关注城市资源的分配不公和由此产生的社会冲突。试图通过对"社会—空间"视角解释社会现象，进而判定城市空间结构演进的根本成因。有学者认为，这种单一的"社会—空间"的研究模式无法解释大城市空间发展的复杂性，应将政治、经济和文化三者结合起来进行分析，关注社会结构中能动者的作用与社会结构的制度变迁方面[45]。关于城市空间结构社会属性的研究理论，虽然受价值体系和认知水平的影响，仍有待改进之处，但它们促进了城市空间结构研究的理论进程。受此影响，关于"制度—空间"、"社会—空间"、"社会—经济"等多元化的研究体系逐步形成，产生了以制度、政治经济学为主导的诸多理论，如城市政体理论、增长机器理论、合理模型、覆盖模型等（图2-3），拓展了城市空间结构动力机制的解释思维，成为当前城市空间结构研究的理论基础。

2.2.2　国内相关研究

与国外的相关研究内容不同，国内的相关研究除了物质空间视角、经济属性视角、社会属性视角之外，衍生了制度影响视角、动力机制视角研究。

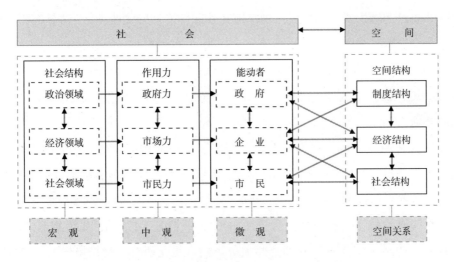

图 2-3　"社会—空间"视角下动力机制的研究体系

（1）物质空间视角

改革开放以来，城市用地的外部扩展与内部重构是中国城市物质空间发展的核心特征 [46-47]。在此背景下，大城市出现多中心结构，商业地块聚集，新的商务区逐步形成，工业发展向工业区和开发区集聚，城市空间趋于区域化。同时，居住空间由同质到分异，由分散到集聚。城市形态和城市空间扩展特征研究成为研究的主要内容。以物质形态为主导的研究主要集中在城市形态的演化模式、测度、扩张特征和机理等方面 [48]；以土地利用为主导的研究主要立足于以土地利用为载体，研究城市功能演化、空间扩展和驱动力。在学科体系上，城市地理学、城市经济学、城市规划、城市设计构成了研究主力。其中，城市地理学关注交通条件等制约下的城市内部扩展与功能结构；城市规划关注在地理与经济学原理下所有行为功能空间的结构与布局；城市设计注重居住小区街区和细部尺度，研究居住小区内部的功能布局和交通组织 [48]；城市经济学主要研究整体经济功能与扩散的区域收益规律。

①以城市形态为主导相关研究

城市形态是城市整体的物质形态和文化内涵的特征及其演变过程的综合表现，是自然、社会、经济因素综合作用于城市的一种空间结果 [24, 49]，城市实体的尺寸、结构、形状以及各要素间的关系是城市形态研究的构成逻辑 [1]。转型期中国城市空间形态的研究内容较多，研究对象覆盖面较广，拓扑分析、空间句法、分形理论等定量化的研究法被引入实证研究中，研究内容从形态特征研究逐步向形态解析研究过渡。

城市形态演化模式研究以形态演化特征为基点，总结不同类型城市在城市空间发展中的形态演化方式。关于大都市形态方面，顾朝林等（1994）[50] 从形态发展的角度将大都市发展模式总结为圈层式、飞地式、轴间填充式和带形扩展式四种；王洁晶等（2012）[51]通过对集中和分散两种类型的差异性研究，认为"自由轮轴"形式在中型城市中较明显，组团型城市"自内向外"整合度逐渐减小，且呈圈层分布；叶昌东等（2013）[52]以空间紧凑度为测度，认为中国特大城市空间形态趋向带状特征，即空间紧凑度下降，空间破碎度趋向增强。

相关研究普遍以土地扩展模式取代，表明了形态演化与土地利用之间的紧密关系，但是模糊了土地扩展与形态演化之间的区别，结论的趋同性明显，缺乏以形态自身尺寸、形态测度及各要素间关系为标准的模式研究[30]。

城市形态理论体系研究方面，武进（1990）、邹怡等（1993）、苏毓德（1997）、李加林（1997）、陈勇（1997）通过对西方相关分类的本土化研究，将城市形态构成要素分为物质要素和非物质要素两大类，其中物质要素主要为道路网、街区、节点、用地形态、城市发展轴、天际线，非物质要素包含社会组织结构、居民生活方式、行为心理、城市意象、空间品格、民俗风情、文化及政治、经济结构。唐子来、谷凯、段进对城市形态研究体系的研究具有代表性。唐子来（1997）认为社会关系和社会过程的空间属性研究是城市形态研究的重点内容，并提倡交叉方法的应用与研究[3]；谷凯（2001）[53]将城市形态理论研究总结为形态分析、政治经济学、环境行为研究三种；段进（2006）[25]从城市形态演化类型、基本规律、构成要素、空间三维特征、研究方法等方面构建了城市形态研究体系。

②以用地形态为主导相关研究

土地利用演化研究以用地类型和城市功能区为对象，研究居住、工业、商业、公共服务设施、道路广场等用地的演化特征，研究结论分散于个案城市研究中。赵晶等（2005）[54]对上海（1947～2000年）的研究表明，农业和待建用地从1979年开始从离心扩散转变为建设用地，1996年以后工业和居住用地向城市外围迅速扩展；功能更替方面，罗江华（2008）[55]对柳州（1986～2004年）的研究表明，城市逐渐由工业导向型向居住、公共设施导向型转化；用地空间布局方面，刘贤腾等（2008）[56]通过对2006年南京城市内部空间的研究表明，2006年南京居住用地呈圈层式结构，工业用地具有圈层式及扇形结构两重性，商业用地则是分等级的多中心结构；用地变化特征及动力因素方面，李永乐等（2013）[57]从城市化与土地利用关系的研究表明，生活用地比重与城市化发展呈正向性关系。以上研究表明，不同类型的空间分布特征受城市化、人口、制度等因素的影响明显，呈现方式各异，但居住和工业用地成为扩展的主要用地类型。研究不足在于对比性研究缺乏，缺少动态研究以及对研究方法适应性的判定性研究。

空间发展模式研究普遍以形态特征、演化因素和结构类型为依据，对其进行模式化归类。有学者从形态扩展的角度总结为集中型圈层式扩张、沿主要对外交通轴线带状扩张、跳跃式组团扩张和低密度连续蔓延四种[58]；还有学者从结构类型的角度将土地结构模式概括为多中心网络式、主次中心组团式和单中心聚集式三种[59]。实证研究方面，乔标等（2009）[60]将北京的发展模式总结为向外"摊大饼式"扩张与沿线据点的"外延式"扩张并存的发展模式。类似的研究也在上海、合肥、广州、重庆等城市展开，判识方法包括凸壳原理、空间图形定量方法、夜间灯光强度等分类方法[61]。但是，单纯以形态角度的模式研究，弱化了人口密度、文化、社区、制度、区域等因素与城市形态的关系。

（2）经济属性视角

市场经济体制确立以来，以经济技术开发区、中央商务区、新型商务区为代表的城市新产业空间大量涌现，促使了城市空间的多点、多核或多轴的扩散，并逐步从早期的"孤岛"、"飞地"走向后开发区时期的城市"新城"、"新区"[62]。新产业类型和产业空间不断出现，改变了传统生产空间的类型和布局，引发城市功能区的整体转型。在经济发展的主流推动下，商业空间和新产业功能区的布局、特征、规律、趋向成为研究热点。

商业空间方面，许宗卿（2001）[63]、闫小培（2000）[64]、吕拉昌（2004）[65]等通过对商业和高新技术产业等城市产业空间的研究表明，中国城市商业空间具有等级性，CBD圈层正在形成，产业结构演化是改革开放以来城市经济结构演化的总体特征。2000年以来，新商业类型和空间布局成为热点，夏春玉（2000）[66]和管驰明（2003）[67]等认为专业市场和专业街区成为新的商业类型；曹嵘（2003）[68]等揭示了零售商业在支路线形延伸和据点辐射方面的经济效应；赵西君（2008）[69]等以西安为对象，证实了城市次级交通峰值、租赁价格、历史积淀及大型节点对专业化商业街的影响。此外，在微观区位方面，王兴中（2009）[14]以"社会—文化"为理念在对以西安等城市研究的基础上，论述了城市商娱场所微区位理论的理念体系和方法论。这些相关研究的理论基础主要是中心地理学，理论基础单一，关于消费者行为空间分析的定量研究较少，这与国内基础数据库的缺失有关。

开发区方面，汪劲柏等（2010）[70]以产业主题和驱动力的差异为标准，将开发区划分成八种类型，即工业新城、教育园区、政务新区、奥体新区、大型交通设施下的新区、住宅新城区、城镇化下的综合新城、新概念城区。张晓平等（2003）[71]从开发区与"老城区"关系的角度将其类型总结为双核结构、连片带状结构、多极触角结构等；娄晓黎等（2004）[72]提出城市功能分区与产业空间结构的研究框架。

在类型上，魏心镇（1991）[73]、王缉慈（1998）[74]、顾朝林（1998）[75]等对高新技术产业区、新产业区发展与区位选择进行研究；甄峰等（2000）[76]对信息产业区位及空间分布加以探索；黄龙云（1995）[77]、李俊莉（2004）[78]等对经济技术开发区进行了系统分析；管驰明等（2003）[67]对城市新商业空间和新公共休闲空间的研究也取得相应成果。

（3）社会属性视角

2004年以来，城市社会空间的研究逐步从宏观的社会特征描述转向社会空间结构问题的剖析。主要内容以"社会—空间"问题为导向，研究城市公共资源分配问题、中产阶层化、社会流动、居住流动、社会公平、郊区化等内容。

①城市空间分异特征研究

城市社会地理学认为，空间分化是个体社会属性、行为方式等在空间上的差异表现，是高低收入者不断替换、城市中社区或者邻里不断重构的空间现象[79]。伴随经济—社会—制度的市场化转型，新的职业分化和收入差异促使城市社会阶层分化，原有单位型社会空间结构逐渐解体，社区分化成为城市社会空间分异的主要特征。同时，随着城市户籍管理制度的改革，流动人口大量涌入城市并形成了聚居区。关于空间分异特征的研究，主要以社会区和居住空间分异为对象。其中，社会区划研究是以1990~2000年间的城市为对象，研究城市居住空间分布特征、动力因素、机制和分异模型；而居住空间分异研究是以2000年以后的城市为对象，研究个人择居与市场供给下的资源分配关系，以及住房区位与居住群体的社会、经济地位等因素的关系。

以社会区为维度的研究普遍应用因子生态法，依托"四普"、"五普"数据研究广州[80-82]、上海[83-85]、北京[86-87]、西安[79]等大城市的居住空间分异特征。研究表明，计划经济时代的"路径依赖"和政府机关、国有单位住房供给在这一时期仍然发挥作用，影响因素与西方国家不同。

以居住空间分异为维度的研究，焦点集中在居住空间分布与区位条件[88-89]、土地及住房价格[90]、空间资源分配之间的关系[91]。研究表明，2000年以来中国城市居住空间分异的整体特征是居住空间类型的异质化与离散化、居住结构的破碎与隔离、居住邻里之间的陌生与排斥，而社会经济因素、家庭结构因素和个人择居使居住区的组织形式更趋复杂[92]。在研究方法上，周华（2005）[93]、刘璐（2005）[94]、富毅（2006）[95]等利用价格与居住关系的模型构建，研究了西安、成都、杭州的住宅价格与住宅属性的关系。兰峰等（2012）采用结构方程模型对西安市居住空间分异特征及形成机理进行研究[96]。除了上述"自上而下"的研究方法之外，陶海燕等（2007）[97]运用多智能体建模方法，模拟了在特定收入分配差异条件下人群居住空间的分化过程，为居住空间分异研究提供了"自下而上"的新思路。此外，王兴中（2004）[98]从城市社会地理学角度对生活空间的研究，在综合质量系统与社区体系等方面进行了探讨，提出了社会生活空间（社区与场所体系）体系理论。

纵观以上研究成果，空间分异研究中频繁涉及市场化、政府职能、流动人口、城市规划、制度等关键词，隐喻了它们与空间分异之间的内在联系[90, 30]。

②城市空间问题研究

伴随城市社会文化的演进，城市空间出现社会隔离、社会极化、空间错位等问题，它与城市发展目标相违背，折射了公平与效率、经济与社会的失衡，反映了深层次的结构问题。2004 年以来，"城中村"、边缘社区、城市贫困等社会空间问题逐渐成为社会空间结构的研究焦点。

在社会分化与社会隔离问题的研究中，地理学和社会学构成了研究的主力军。地理学方面以顾朝林、李志刚、周春山为代表，主要研究阶层分化的地理空间表现和影响，社会学则注重对社会极化特征、成因和对策的研究。顾朝林（1997）对北京的研究表明，城市社会极化成为 1949 ~ 1994 年北京社会结构的最大变化，城市贫穷区边缘化和人口收入的两极化特征是造成新城市贫困的根本原因[100]；李志刚（2004）、杨上广（2005）通过中西方社会极化问题的对比研究，认为市场化所引发的社会隔离、弱势群体居住空间边缘化和空间剥夺等社会问题逐步严重，并受制于加速经济发展和城市化阶段的作用[101]；周春山（2013）从公共资源占有的角度揭示了其分化机制[102]；谭日辉（2014）、段进军（2013）从"社会—空间"一体化的辩证角度认为公共服务的空间分异是社会分异的外在表现，其本质是由制度、城市规划、城市发展、社会参与中的不公平导致的，并倡导通过扶持弱势群体、公共空间均等化、制度创新等措施去解决公共资源分配不均衡的问题[103]。

在"职—住"空间不匹配这一问题上，冯健（2004）、宋金平（2007）、孟繁瑜（2007）等对北京"职—住"空间分布的研究表明，2000 年以来北京"职—住"问题造成低收入阶层通勤的时间成本与经济成本增加、交通拥挤、社会隔离等问题[104-105]。李强（2007）、刘志林（2009、2011）、孟斌（2009、2011）、吕斌（2013）的研究表明，在空间分布上商品住宅社区"职—住"分离程度较严重，社区居民的就业可达性最差，弱势群体在就业可达性上被置于更不利的境地。而对广州的研究表明，广州居住空间与就业空间在外拓和多核心化的同时，二者的空间均衡性增强，促使居民出行空间趋向均衡（周素红、闫小培，2006）。影响广州职住分离的主要因素是体制转型、保障性住房政策、区位和个人属性[88, 107]。以上研究表明，内陆型城市的"职—住"分离问题凸显并呈加剧趋势，但较同期沿海城市情况稍优。在研究过程中，由于"职—住"数据来源的局限性，影响了研究深度。此外，关于特殊群体的职住空间关系和过剩通勤的研究缺乏，类型城市的对比性研究较少。

关于弱势群体住区问题方面，研究对象以保障性住房、城中村为主，研究其区位特征、机制。邓化媛（2007）、张京祥（2013）从住房制度的角度认为当前保障性住房空间发展的主要问题是比例失衡和空间布局的边缘化[104, 108]。李志刚（2011）从实证研究的角度提出社区归属感在新移民聚居区的居住满意度中起决定性作用[109]；张建坤（2013）从区位布局的角度认为南京保障性住房在空间分布上呈"偏远化、集中化、规模化"的特征（2002～2012年间）[110]。相关研究证实了保障性住房布局存在边缘化和隔离化的共性特征。与保障性住房研究不同，"城中村"的研究以其产生的制度—社会背景和演化过程为对象[109]，研究"城中村"产生的原因及其引发的社会问题[99, 30]。

（4）制度变迁视角

中国自1978年实行改革开放以来，以土地有偿使用、住宅商品化、户籍管理松动化为主导的市场化制度改革，加速了计划经济向市场经济的体制转型，并从根本上改变了中国城市空间发展的动力基础和空间配置方式，中央集权配置资源和分配产品方式向市场配置资源转型，促使了城市内部空间结构的剧烈转型与重组[18]。与之相关的城市功能类型、产业结构、社会结构等，在依赖计划体制与构建市场经济的系统摩擦下不断演替，折射了中国城市空间结构转型的复杂性与特殊性。在这一背景下，2000年以来，关于制度视角的研究不断增多，主要集中于制度转型与城市转型的关系、制度转型中存在的问题及对策、制度视角下城市空间结构研究体系的相关研究[111]。

①制度转型与城市转型的关系研究

张京祥（2007、2008）、殷洁（2005）、罗震东（2007）等普遍认为，从广义上讲转型是包括发展制度、发展环境、发展目标发生明显变迁的过程；从狭义上讲是一个根本性的制度变迁过程，表现为一系列的制度变迁或制度创新[112-113]。有学者在此基础上将制度与社会转型的类型分为两种：一种是伴随社会制度变更的社会转型，另一种是在社会制度自我发展过程中的社会转型[114]；有学者从生产力角度认为，转型是较高层次的经济代替较低层次的经济发展变迁过程；也有学者从经济体制角度将转型理解为从计划经济体制向市场经济体制的变迁过程，包含生产方式和经济体制[115-116]。研究表明，中国改革开放以来的城市转型，在社会形态上表现为从乡村型农业社会向城市型工业社会的转型，在经济体制上表现为从封闭型计划经济向开放型市场经济的转型、体制转型和发展转型的双重性。

②制度转型的问题及对策研究

在宏观层面，陈鹏（2005）[117]通过对公正、自由、平等与效率等概念的辨析，认为转型时期政治体制改革和社会保障体系的滞后，是当前社会公正问题突出的根源；孙施文（2003）[118]认为城市规划的任何调整或变动，其本质都是对土地权利的分割、分配与交易，国有土地出让方式的差异会对城市规划产生重大影响。与之相似，张京祥（2013）[119]通过对中国增长主义的研究，认为城市规划作为实现城市空间生产的一种重要制度工具，其面临的主要转型为：从经济主导向多元发展（价值观念的转变）、从粗放扩张到集约更新（范式的转变）、从空间分割到空间整合（重点任务的转向）、从分权冲突到统筹协调

（管理体系的转向）、从主动实施到受理申请（实施方式的转向）。此外，在制度转型方面，为实现城市空间的集约增长和结构优化，要加快地方政府企业化治理体系和相应的制度改革。在微观层面，针对拆迁制度的问题，彭小霞（2009）[120]在现行房屋拆迁法律分析的基础上提出强制执行司法化、确立强制拆迁的程序机制、确立公共利益听证制度、健全补偿和评估制度、正确定位政府角色的重构措施，相似研究还有对城市拆迁纠纷化解机制的研究[121]；另外，还有学者对性别制度[122]、城市行政建制制度[123]进行了研究。在此过程中，除了定性化的研究方法之外，王海飞（2009）[124]采用定量化的分析模型（"托达罗模型"）分析了制度对城市化的作用过程。

③制度视角下城市空间结构研究体系的研究

殷洁（2005）、张京祥（2008）从制度视角，通过解析转型本质、体制转型与城市空间重构、政府企业化下的城市空间演化、城市增长机器与城市空间重构、二元制环境中的城市社会空间极化等内容，构建了城市空间结构制度分析框架——中国经济与社会转型的过程是社会文化与传统制度环境的转变、资源配置方式的转变和政府权力行为方式转变的三种变化相互作用的过程。并认为，制度转型环境下中国城市空间结构研究的重点是地方政府治理转变与城市空间的重构、社会机构变迁与城市空间的重构、经济结构转型与城市空间的重构[125-126]。何丹（2005）确立了"制度变迁—城市发展变化"的理论框架，认为中国城市的演变是制度诱致的结果。此外，童明（2002）认为城市政策研究新趋势是更加注重城市政策与现实作用之间的关系，以及针对政策过程本身特征，或政策机制本身的研究[127]。

（5）动力机制视角

国内关于城市空间结构动力机制的研究相对较多，整体上分为实证研究和理论研究两部分。实证研究注重对个案城市动力机制的"要素"提炼，呈多视角、多要素、多元化的结论。研究表明，改革开放以来的经济、制度的市场化转型是根本动力，城市历史、城市规划、城市管理、地理区位等成为差异性因素。理论研究侧重于通过构建一个体系去探讨要素对空间分异的作用过程的研究，强化"作用原理"的研究[99]。国内关于此方面的研究，普遍以增长机器理论、合理模型、覆盖模型为理论基础，通过政治权力在城市中分配问题，剖析中国城市空间结构演化过程。关于社会生产过程、社会关系、制度变迁的相关研究占据了研究主线。

①基于空间生产的机制研究

经济发展视角下的空间结构动力机制研究是以空间生产和经济发展过程为对象，借用经济规模效应、地租等土地经济学理论，研究内外动力的相互关系及其作用过程。陈修颖（2003）[128]从区域的视角认为，城市空间发展的外部动力为国家力量、地缘一体化动力和全球化动力，内部动力为产业升级与创新、地域生产力梯度和关联产业积聚力。王开泳（2004、2005）则从空间经济学的角度将动力系统分为一般机制和特殊机制两个方面[129-130]；此基础上，栾峰（2008）[131]将城市空间形态成因机制概括为内生限制性因素和社会能动者因素两大方向。王建华（2008）[132]从不同因素发挥作用的角度认为，经济性因素是内在动力，空间性因素是基础条件，技术性因素是牵引动力，制度性因素是框架。

②基于社会关系下的机制研究

张庭伟（2001）首次建构了由政府力、市场力、社会力构成的动力机制模型，认为空间演变是在这三种力量的"合力"、"覆盖"、"综合"下演化与发展的[133]，确立了"社会—空间"视角的研究框架。在此基础上，石松（2004）[134]从城市空间发展过程中的行为主体、组织过程、作用力、制约条件四个方面对其进行系统化与理论化研究；而冯健（2004）[16]在吸收西方结构主义学派和行为主义学派研究方法和视角的优点基础上，将中国城市空间重构的动力机制归结为政治、经济、社会、个人四个层面，在它们相互交织下形成综合机制模型，研究政治与政府、社会与个人、经济与市场系统与相互关系。

除城市空间结构整体的机制研究之外，有学者针对城市社会空间结构的机制进行了专项研究。吴启焰（2002）以社会与空间的关系为对象，将动力因素总结为政府、城市建筑商、地产开发商、金融信贷和城市规划思想五个方面，为社会制度层面、市场经济层面、技术变革层面、城市管理层面、居住心理层面等作用原理的深入研究提供基础。相似研究渗透在"社会—空间"和"经济—社会"的多个研究层面中[133, 135]。此外，杨上广（2005）构建了由政府力、市场力、个体力、社区力之间相互交织、相互作用的综合机制，认为其作用方式是这四种力量通过政策调控、生态演替、房价分选和空间分化等空间过程来实现对城市社会空间进行重构与分异[136]。这是将社会—经济—空间关系进行一体化整合的综合性研究成果。除了宏观研究之外，在微观层面研究方面，王昕（2013）构建了"主动分异"与"被动分异"关系的分析框架，认为居住空间分异是个人社会经济地位影响下的空间选择，同时，居住空间分异导致社会阶层封闭的动力机制[137]。

③基于制度转型下的机制研究

学者普遍认为，制度变迁从根本上改变着城市发展的动力基础，成为塑造空间的主要力量[138]；魏立华（2005）提出中国城市的社会空间演进由市场转型和制度惯性共同决定，具有双轨制的特征；张京祥（2013）认为城市空间转型是在市场化、分权化、全球化的耦合与摩擦下的结果。刘望保（2007）对作用主体角度研究的结果表明，住房制度改革主要通过主体（人或家庭、房产商和政府）来影响居住分异主体之间的利益博弈关系，进而引发住房产权分化、房改房享受机会的不平等、住房和邻里的"阶层化"、单位制社区逐步解体等空间问题[139]。魏立华（2005）从"制度—空间"的角度认为，土地、产业、人口、住房政策成为政府影响城市社会空间建构的制度性杠杆，制度与空间发展的耦合关系决定了城市社会空间的性质与演进方向。

2.2.3 西安相关研究

关于西安城市空间结构的相关研究主要分为两类。一类是以演化过程为对象，采取分阶段研究方法，对西安城市发展过程及其特征展开研究；另一类是以西安城市空间发展为对象，研究空间优化策略。

（1）历史地理学视角

历史地理学是地理学的一个分支，主要研究城市形成的自然和社会政治经济条件、城市发展演变的特点及分布的规律、城市类型的演变规律等[140-141]，陕西师范大学成为西安相关研究的主要团队。早期以马正林的《丰镐—长安—西安》（1978）[142]、武伯纶的《西安历史述略》（1981）[143]等为代表，形成对西安历史地理研究标杆性成果；之后史念海等秉承研究传统，编著了《西安历史地图集》（1996）、《河山集》、《中国历史地理纲要》[144]等系统成果，形成了对西安各个时期城市的发展专题性研究。在此基础上，由朱士光、吴宏岐主编的《西安的历史变迁与发展》（2003）论述了史前时期直至近代西安城市的变迁与发展情况[145]；史红帅（2008）[146]通过对明清时期西安城市历史地理若干问题的研究，重新认识和评价西安城这一时期在政治、军事、经济、文化等各方面的特殊地位；吴宏岐（2006）[147]从历史学的视角研究了古都和民国时期西安城市发展的历史阶段与城市更新模式；李令福（2009）[148]以西安地区的历史都城的形制为对象，对都城选址和地理之间的关系进行梳理和总结；任云英（2005）[141]以近代西安城市居住空间形态演变为对象，研究近代西安交通、工业、商业、居住、城市中心等7个方面的演变过程及其规律。

（2）多视角的相关研究

社会视角方面，王兴中（2000）[79]重点研究西安城市社会空间的宏观形态与结构、微观形态与结构、城市形态空间与社会空间的相互作用，以及城市生活空间评价等；邢兰芹等（2004）[149]对西安市居住空间的重构、分异、隔离化动态与特征进行了分析。物质空间视角方面，梁江等（2005）[150]从城市形态的角度研究了西安城市形态演变的问题、模式和动因；相似的研究还有对西安的绿地系统[151-153]、中心区结构演化[154-155]、建筑风格[156]、城市交通[157]、中心商务区（CBD）[158]等方面进行的专项研究。经济视角方面，李传斌（2002）[159]从空间扩展的角度分析了西安城市空间结构扩展的主导因素和相关因素；王红娟（2011）[160]以土地利用为载体，研究西安城市空间扩展模式。此外，和红星（2010）[161]从城市建设历程的角度，全面梳理与总结了西安1949～2010年的城市建设过程及其相关规划的解释。

纵观西安城市空间结构的相关研究，基于历史地理学的西安城市空间发展研究，涵盖了从古代到民国时期的城市起源、发展、演化、特征的一系列领域。但历史地理学注重宏观层面的城市空间发展"过程"和"特征"研究，关于城市内部空间的研究较少，尤其缺乏社会关系下的城市发展过程机制的研究。此外，在研究时段上则以古都时期为主导，关于新中国成立以来的相关研究较少。而关于改革开放以来的多视角研究存在内容单一的问题，难以全面认知西安城市空间结构演进的特征、机制、模式、规律。

2.3 城市空间结构的研究启示

国内外研究进展表明，相关理论在学科属性上分为城市经济学、城市社会学、城市形态学、政治经济学、历史地理学等（表2-1），用于城市空间的特征分析、模式识别、机理解释等，空间分析性理论和解释性理论成为主导理论，多层次、多维度、多视角成为主要特征。理论基础一方面要融入经济、社会、制度等不同视角和要素的研究，以便系统分析城市空间结构的发展过程和发展特征；另一方面在理论上需要引介关于过程分析、特征描述、机制解释等方面的众多理论，以形成对城市空间结构演进的过程、特征、机制的系统性研究。基于此认知，相关研究对本书的研究启示体现为：

城市空间结构研究的主要理论　　　　　　　　　　　　　　　　表2-1

学科	主要理论	核心内容
城市形态学	城市形态学派	以城市实体环境为研究对象，通过对街道、平面、土地类型等要素分析，描述城市形态演化过程，提出"城市形态单元"
	建筑类型学派	以城市实体环境为研究对象，通过对基本建筑类型、城市肌理类型和类型过程的确认，提炼现有形态特征，提出"建筑类型过程"
历史地理学	城市历史地理学	揭示地理要素在城市兴起、发展与变化中的功能和客观规律，促进城市类型、体系、规划布局、职能和结构的科学化与合理化
经济学	土地经济	认为地价决定城市土地资源的配置，研究市场与城市土地利用结构之间的关系
	聚集效应与规模效应	城市中各种功能因集聚效应和规模效应而形成行政中心、商业服务业中心、工业中心等，从而形成城市整体的空间结构模式
社会学	人文生态学	伯吉斯的圈层式模型、霍伊特扇形模型、哈里斯乌尔曼的多核心模型
	新马克思主义	认为空间具有商品属性，将城市看作一个"建成环境"以及资本投资的场所，资本的流动最终反映到空间，并化身为各种各样的地理空间类型
政治经济学	政体理论	政府、市场、社会三大主体共同构成城市社会的决策系统，三者之间通过合作的方式表达自身的利益诉求，共同推动城市空间结构演变中的相互作用
	增长机器	城市和地区实质上是一台"增长机器"，其动力来自一群"成长精英"主导形成的"增长联盟"，强调企业精英的核心作用，研究城市土地开发过程中利益主体之间的博弈关系

（资料来源：周敏，林凯旋，黄亚平.城市空间结构演变的动力机制：基于新制度经济学视角[J].现代城市研究，2014（2）：40-46.）

2.3.1 过程分析启示

关于城市空间结构演进过程的分析主要分为两个视角；其一是将城市空间结构特征视为一个结果，分析某一时间节点上的平面形态、道路网络、土地类型等静态特征；其二是将城市空间结构特征视为一种动态过程，分析城市空间演化过程中形态要素的关系及特征。在研究内容层面划分为物质空间、经济空间、社会空间等不同结构要素下的研究领域。其中，以康泽恩学派为代表的城市形态学构成了对城市物质空间研究的主要内容，普遍以历史地图的平面图为对象，以平面、建筑、土地利用为载体，通过要素叠加的方式研究城市空间的演化过程及特征。以城市经济空间为对象分析研究，普遍以土地利用、新功能空间为载体，从价格、地租、效益等经济性方面解析不同用地类型的区位分布特征和规律；以社会空间要素为对象的研究，普遍以城市社会过程、社会关系、空间市场、空间分异为对象，通过研究"社会—空间"关系分析城市空间发展与社会演进之间的关系（表2-2）；以制度为主导的研究，通过主体利益的博弈关系，研究制度设计与城市空间发展之间的关系。

城市空间过程研究的相关研究启示　　　　　　　表2-2

研究对象	主要理论	分析要素	分析测度
物质空间	城市形态学派、城市历史地理学、建筑类型学派、分形理论	建筑、道路、街区、土地利用	尺度、比例、关联度、强度
经济空间	土地经济、聚集效应、规模效应、政治经济学	土地使用、城市新功能区、交通网络、产业结构	价格、地租、效益、区位、成本
社会空间	人文生态学、新马克思主义、新韦伯主义、合力模型	社会过程（空间与生产、空间与消费、空间与资本）、社会关系、空间问题	—
制度转型	城市政体、增长机器	利益博弈、产权主体、交易成本	—

相关研究对西安城市空间发展过程分析的启示为：

第一，研究要素的类型化：城市空间结构的涉及要素多元，需要将物质、经济、社会、制度要素纳入到统一分析体系中，同时关注城市空间结构测度与要素之间的相关性分析，如地租、区位、交易、产权等与空间发展的关系。

第二，研究层面的多维度性：城市空间结构演进是一个复杂的系统演化过程，要将动态分析与静态分析相结合，物质形态分析与属性分析相结合，宏观、中观、微观相结合，总体特征与局部特征相结合。

第三，理论基础的融合贯通：城市空间发展过程的分析涉及形态、经济、社会、制度等不同因素，而对相关要素的研究分散于不同的理论体系中上，需要将"形态—经济"、"形态—制度"、"形态—社会"分析理论与方法相融合。

2.3.2 特征识别启示

特征识别研究整体形成两类：一类是以空间演化过程为对象，通过对城市形态的外部扩展与内部更新的内容与方式进行类型描述，国外具有代表性的有"外溢"、"分散"、"填充"、"增生"、"替代"等，国内具有代表性的为圈层式、飞地式、轴间填充式和带形扩展式，以及均匀分布型、交通辐射型、主轴线性等。另一类是基于市场原则、经济原则、交通原则，对城市功能布局、社会分异、空间关系的高度提炼，反映城市空间的经济关系、社会关系、功能布局的一种态势，最具代表性的是由芝加哥学派构建的"圈层式模式"、"扇形模式"、"多核模式"（图 2-4）。

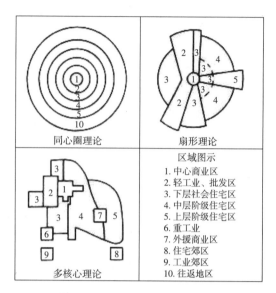

图 2-4　芝加哥学派构建的三大城市空间结构模式
（资料来源：冯燕，黄亚平 . 大城市都市区族群式空间发展及结构模式 [M]. 北京：中国建筑工业出版社，2013:87.）

经济学和地理学的不同学者或学派虽提出了大量的不同模式，但普遍是三大模式的"变异体"。特征识别相关研究对判识西安城市空间结构演进研究的启示为：

第一，城市空间结构演进特征由形态演化（扩展）特征和结构特征两部分构成。形态演化特征是以城市外部扩展和内部更新的方式与内容为对象，对其演化特征进行分类和描述；而结构特征是对城市功能关系、社会关系、经济关系的高度提炼。

第二，外部扩展和内部更替的方式与内容成为形态特征判识的依据，同时，要将其纳入到时间和空间两个维度中，尺度、比例、关联度、强度等成为主要判识测度；而经济关系、社会关系、功能布局成为结构特征体现的主要依据，"圈层式"、"扇形"、"多核"成为结构特征提炼的原型。

2.3.3 机制解释启示

以社会学为主导的城市空间结构理论，开启了"社会—空间"一体化的辩证法视角。新马克思主义强调城市空间在资本积累和资本循环中的功能和作用，其关于城市空间的政治经济学分析，提供了资本在特定生产关系和社会形态下的变化轨迹，为解释政治、经济与空间结构之间的关系提供了理论基础；而新韦伯主义植根于政治经济体系内意识形态，提供了研究社会能动者与城市空间结构之间关系的理论基础。此外，结构二重性理论、社会规划体系理论、结构主义等构建的"社会力—结构"、"社会主体—结构"、"能动者—

系统动态学"的研究框架，开拓了动力机制研究的新思维，对西安城市空间结构机制解释的启示为：

第一，理论认识方面，社会过程是影响城市空间结构的内在机制，社会关系则是社会过程的动因[4]，关于动力机制的研究要纳入到社会过程和社会关系之中，关注非空间因素与社会主体之间的作用关系。

第二，理论基础方面，新马克思主义、新韦伯主义、增长机器、政体理论等理论为机制解释提供理论基础，利于在价值体系、认知水平上确立"社会—空间"一体化辩证观研究西安城市空间结构演进动力机制。

第三，机制解释方面，由"社会—空间"的辩证法而衍生的"作用力—结构"、"能动者—结构"等动力机制解释体系，为西安城市空间结构机制解释提供宏观、中观、微观层面的研究基础和技术路径。

2.4 西安城市空间结构演进的研究体系构建

2.4.1 研究路径确立

（1）历史研究的基本路径："是什么"（物质表征）→ "为什么"（内在关系）

城市空间结构演化的历史研究普遍以物质空间为载体，通过物质形态演化表征，分析其与社会、经济、制度、文化等因素之间的关联性，进而解析空间结构演化的作用机制，形成"是什么→为什么"、"表征→本质"、"空间→社会"的基本逻辑。因此，过程分析研究和机制解释研究构成了城市空间结构演化研究的基本内容。在研究内容中，分析性研究注重物质空间演化过程"是什么"的几何描述，解释性研究往往依托经济学、社会学、政治经济学等相关理论，对城市空间的内在属性及生长机制进行"为什么"的研究。

（2）研究路径设计："过程分析"→ "特征识别"→ "机制解释"

遵从历史研究的基本逻辑，以总结城市空间结构演化规律为目标导向，在相关研究梳理与启示的基础，确立本书的研究路径为："过程分析"→ "特征识别"→ "机制解释"。其中"过程分析"是以物质空间为对象，通过物质要素的规模、区位、类型等方面的描述与分析，研究功能空间在整体和局部层面的演化轨迹；"特征识别"是在过程分析的基础上总结城市空间"是什么"，是对过程分析的总结与高度提炼；"机制解释"是以动力机制和发展规律为目标，解决城市空间发展的过程"为什么"和"如何"的问题。过程、特征、机制构成了本研究的核心内容，在辩证关系上三者之间是互动关联的。其中，"特征"是"过程"和"机制"的空间结果；"过程"是"机制"的空间表征，是"特征"的历史轨迹；而"机制"是"过程"和"特征"的内在动力，"机制"通过影响"过程"进而影响"特征"，表现为经济行为、社会行为、政府等行为的空间响应（图 2-5）。

　　基于此研究路径，研究框架的核心是"过程分析框架"和"机制解释框架"的确立。

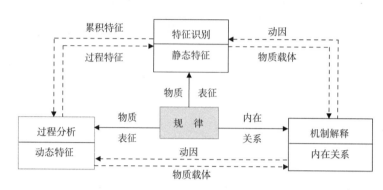

图 2-5　城市空间结构研究的逻辑框架

2.4.2　过程分析体系构建

　　（1）理论引介：城市形态学

　　研究认为康泽恩学派的城市历史形态分析方法契合本研究目标和研究属性，将其作为理论基础分析城市空间的演化过程分析，其与研究的契合点体现为：第一，此分析法是一种对城市空间演变过程的分析方法，与本研究的过程分析目标契合；第二，此分析法以独立产权地块为基本形态研究单位，与本研究获取的历史地图的精度相匹配；第三，发展了使用详细的地形图配合实地调研和文献分析的研究方法，便于研究的精细化、科学化、精准化[162-163]。但是，此方法注重中观与微观尺度的研究[164]，这与本研究注重结构特征的研究存在偏差，因此，需要在研究目标导向下的适应性调整。针对这一问题，本研究对其方法的引介主要体现为两个方面：第一，在对城市空间要素划分的基础上，应用其多层级的研究思路，将城市空间演化过程划分为多个层级展开研究，通过层级特征的叠合归纳演化特征，集合了动态研究与静态研究、整体研究与局部研究的方法；第二，应用其类型研究思维，将空间要素进行类型划分，通过对类型要素的演化分析总结特征。

　　通过以上分析可得出，城市空间结构过程分析框架确立的要点是分析层级和要素类型划分。

　　（2）分析层级："空间格局"+"功能类型"

　　基于城市形态学分为平面单元、建筑类型、土地利用的层级启示，以城市形态与城市结构的差异为基准，将城市空间结构过程分析分"空间格局"和"功能类型"两个层面，尝试通过总体层面的"空间格局"演化分析和局部层面的"功能类型"演化过程分析叠加，总结城市空间结构的特征（图 2-6）。

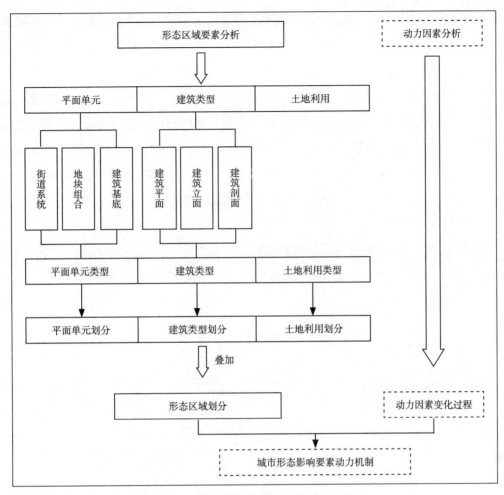

图 2-6　康泽恩城市形态的中国应用框架图

（资料来源：周颖 . 康泽恩城市形态学理论在中国的应用研究 [D]. 广州：华南理工大学，2013：62.）

　　其中，"空间格局"层面的相关研究表明，分析重点是整体格局和轮廓范围的研究，延伸对空间区位、功能类型、空间尺度等的二维、三维研究。鉴于此，本研究将"空间格局"的内容归纳为四个方面，即功能区位、功能比例、空间尺度、空间比例。"功能区位"是基于功能分布的位置，研究功能在区位上的格局与联系；"功能比例"反映城市的功能构成，通过功能类型比值关系，以平面为载体判定功能类型的空间关系；"地块尺度"用于反映平面单元的特征，判识空间的破碎程度；"空间强度"主要是通过建筑容积率、建筑密度等指标，判定空间厚度。这四方面的内容构成了从二维平面关系的到三维关系的分析要素，是对相关研究的类型归纳与创新。

　　在"功能类型"层面，道路、街区、建筑、土地利用构成了主要的功能要素，本研究在契合研究导向的基础上，将城市的功能类型划分为居住、工业、商业、公共用地、道路五类。其理由有两点：第一，自《雅典宪章》（1933年）之后，这五大类型在城市用地类型划分中具有普遍性，并渗透在相关历史资料中，以此为类型进行划分，便于与相关历史资料对接，进而保障了研究的可行性；第二，这五大类型涵盖了城市空间的核心功能，且在类型上具有明显的差异性，以此五大功能为要素开展研究，能够分析城市空间结构的主要特征；第三，相关研究表明，改革开放以来的我国城市功能结构的演化主要集中于居住、工业、商业、公共用地、道路的变化中，以此为载体是充分契合研究时段特殊性的体现。此外，本书中城市公共空间既包含广场、公园等开放空间，也包含以公共服务为主导的行政办公、文化娱乐、文教科研等功能空间。

（3）过程分析体系构建

基于对分析层级、功能要素、研究类型判识的基础上，将"过程分析"与"特征辨识"相结合、将类型演化与整体演化相结合，构建西安城市空间结构的过程分析体系（图2-7）。

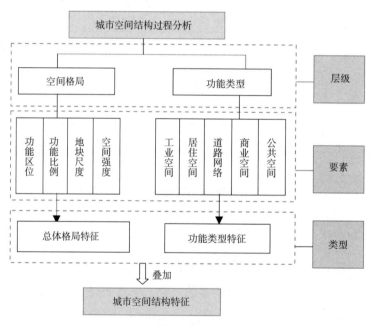

图2-7　西安城市空间结构过程分析体系

2.4.3　机制解释体系构建

（1）理论引介："能动者—系统动态学"

方法论的先进性决定了城市空间结构及相关研究的方向和深度。相关研究表明，关于动力机制的研究形成了基于社会学、经济学、政治经济学等研究理论，融合了经济结构、社会结构、文化结构、生态结构等不同类型。但从研究的核心内容上可以划分为三类：第一类是以动力因素为主导的解释性研究，此类研究普遍通过定性或定量的方法判识不同因素对城市空间结构的主次关系；第二类是以社会关系为对象，通过能动者（社会主体）的社会行为关系研究，将其延伸到经济发展、市场交易、空间生产等领域解释城市空间结构；第三类是将要素研究和能动者研究相结合，结合两个层面的研究结论与解释城市空间结构演化，如伯恩斯（2000）提出的"行动者—系统动态学"理论。鉴于本书研究时段的特征，本研究将以"行动者—系统动态学"为基础构建西安城市空间结构的解释体系。

"行动者—系统动态学"理论是伯恩斯（Tom R.Burns）在结构主义和系统动态学的基础上，强调能动主体和系统、制度、组织、社会关系的作用，行为主体（或称代理者）在被迫寻求特殊价值和利益的同时，通过采纳、改变和转化系统，如市场、商业企业、行政单位、政府机构等的制度安排[165]。"行动者—系统动态学"理论提出了社会系统的三个层次：第一是社会行动者的社会角色与地位；第二是社会行动的互动过程及其关系；第三是提出内限制性因素，并将其分为两类[166-167]。这些观点成为本书构建机制解释的主要依据。

（2）解释层级："动力因素"+"社会主体关系"

基于"行动者—系统动态学"理论启示，西安城市空间结构的机制解释层级分为"动力因素"与"社会主体"两个层面，通过两个层面的影响作用的耦合，建立机制解释体系。因此，"动力因素"和"社会主体"的判识成为机制构建的核心。

在"动力因素"方面，伯恩斯提出了内限制性因素的概念，认为不同城市空间虽存在差异，但具有共同性的因素，并将其分为两类：第一类是制度、文化、形式和总的社会结构；第二类是物质和技术条件，即限制社会行为，又创造机会。在此基础上，栾峰（2008）将其总结为秩序性因素、经济性因素、文化性因素、技术性因素、空间性因素，是对内限制性因素高度总结，具有一定普适性。但同时，内限制性因素强化的是共性因素的研究，容易忽略个体的特殊性。鉴于此，本书以五大因素为基础，在对西安城市空间结构特征分析的基础上，对其进行因素细化与增补。

在"社会主体"方面，张庭伟（2001）、何丹（2003）、冯健（2004）、石崧（2004）等人在借鉴西方城市政体理论的基础上，将城市空间结构动力机制纳入到社会结构的范畴中，构建政府、市场、社会不同作用力下的解释框架，普遍认为是政府、市场（企业）、社会（市民）构成了"社会主体"。本书在此基础上将其归纳为行为主体层面包括为政府、企业、市民。

（3）机制解释体系构建

基于解释层级确立的基础上，确立了以政府、企业、市民为主导的社会关系层面，和以五大内限制性因素为方向的动力因素层级。在此基础上，通过对两者的耦合关系研究，确立西安城市空间结构的机制解释体系（图2-8）

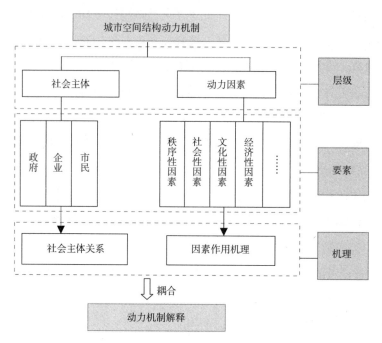

图 2-8　西安城市空间结构机制解释体系

2.5　本章小结

　　本章以构建西安城市空间结构演化的研究体系为目标，通过国外、国内、西安三个层面的研究述评，总结其在"过程分析"、"特征识别"、"机制解释"方面的启示，在此基础上，构建了西安城市空间结构的研究体系。主要结论主要有：

　　第一，城市空间结构相关研究进展表明，伴随城市文化演进，相关研究经历从物质空间主导→经济属性主导→社会属性主导→制度主导的研究历程，衍生出城市地理学、城市经济学、城市社会学等学科。在此过程中，城市空间的扩展规律、土地区位分布规律、社会行为与空间结构的作用规律逐步被揭示，并成为相关的理论基础。同时，相关研究以社会、经济、制度视角为主导，缺乏以空间本体为主导的研究及相关体系，使得空间结构的相关研究与空间本体存在错位现象。

　　第二，基于"是什么→为什么"、"表征→本质"、"空间→社会"的研究范式，和本书对城市空间结构的概念辨析，确立了"过程分析"→"特征识别"→"机制解释"的技术路径，将城市空间结构的"过程"—"特征"—"机制"纳入到"三位一体"的互动关系中："特征"是"过程"和"机制"的空间结果，"过程"是"特征"历史轨迹，也是"机制"的空间反映；而"机制"是"过程"和"特征"的内在作用机理，它通过影响"过程"进而影响"特征"，表现为经济行为、社会行为、政府行为等的空间响应。

第三，在确立研究路径的基础上，将研究体系划分为"过程分析体系"和"机制解释体系"两部分。其中，"过程分析体系"以空间主体的演化过程为对象，研究纯物质空间演化的几何表征，为"机制解释体系"提供解释对象。此体系的构建是基于康泽恩城市历史形态学启示下，吸取其多层级研究体系和类型叠加研究方法，识别城市空间结构演化特征。在研究内容中，将"空间格局"的研究要素归纳为功能区位、功能比例、地块尺度、空间强度四个方面，将"功能类型"划分为工业、居住、道路、商业、公共空间五类。

"机制解释体系"是以城市空间结构演化的动力机制为目标，阐述物质、经济、社会、制度等要素之间的互动关系及其空间响应机制。此体系的构建是基于伯恩斯的"能动者—系统动态学"理论启示下，借鉴栾峰等人的相关研究结论，分"动力因素"和"社会主体"两个层面，通过层级耦合关系去解释西安城市空间结构的演化机理。在此过程中，"动力因素"以栾峰（2008）提出的五大内限制性因素为方向，"社会主体"确立为具有共识性的政府、企业、市民。

3 西安城市空间发展基础与阶段划分

　　西安是一座拥有 3100 余年历史的城市，地处中国地理版图的中央区位，拥有农耕文明时期最佳选址的地理格局，在中国历史文化演进中，一直承担着重要的政治、军事、经济职能。这一特殊背景，使西安成为国家经济、社会、制度转型的试点区域，尤其在中国改革开放以来的市场化与全球化语境下，西安承担了内陆城市经济、社会、制度市场化转型的试点作用，其城市空间发展呈现明显的时段特征，蕴含了西安城市空间结构演进阶段的国家语境和区域权衡。

　　本章以 1978 年改革开放为时间节点，分为"改革开放前（1949 ~ 1978 年）"和"改革开放后（1978 ~ 2002 年）"两个层面，将西安城市结构发展纳入到经济—社会演进的背景中。通过对改革开放前城市空间发展基础、制度演进、经济发展、社会演进等时段的梳理，理清宏观层面西安城市空间发展过程中社会意识形态转变、经济产业结构转型、价值观念转变、功能空间更替脉络，阐明西安城市发展的历史地理基础，总结 1978 年西安城市空间发展的空间建设基础，梳理 1978 ~ 2002 年间西安城市空间结构在制度变迁、社会演进、经济结构、功能空间方面的显性时段。在此基础上，判识 1978 ~ 2002 年间西安城市空间结构演进的阶段，为西安城市空间结构特征解析提供时段脉络。本章与第二章属于基础研究部分。

3.1 自然地理基础

　　在历经丰镐京（周）、秦咸阳、汉长安、隋唐长安、明清西安府城、民国陪都到陕西省会城市，自然格局与地形地貌对西安城址的抉择以及空间布局起到重要作用，构成了西安城市重要的风貌景观基础。

3.1.1 区位条件

　　在地理区位上，西安位于北纬 33° 42′ ~ 34° 44′30″，东经 107° 40′ ~ 109° 49′，居于中国地理版图的中央区位。南倚秦岭，北临渭北荆山黄土台塬，东起灞源山地，西至黑河以西的太白山地和青华黄土台塬，总体地势东南高，其间山水相宜，川塬结合，具有极佳的城市选址区位条件。

在气候区划上，西安市处于湿润气候与内陆干旱气候的过渡区，兼有两种类型气候特征，属暖温带半湿润季风气候，同时，位于黄土高原大陆性季风区，大气环流季节性变化明显，具有四季冷暖干湿分明的气候特点[168]。

在交通区位上，东出潼关、函谷关，直通华北平原，东南经蓝关、武关越秦岭可达长江中下游地区，西南出大散关越秦岭通达汉中、巴蜀，西北出萧关穿越大西北则远通西方各国，具有"内制外拓"的地理基础。这一交通区位，奠定了西安改革开放以来对外交通网络的地位，成为新亚欧大陆桥及陕西段公路网的枢纽地带最大的中心城市。

3.1.2　山水格局

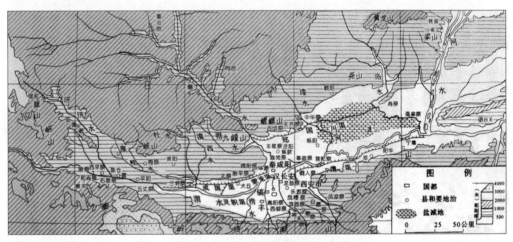

图 3-1　西安中观层面的山水格局

（资料来源：史念海．黄土高原历史地理研究 [M]．西安：黄河水利出版社，2001.）

西安城市发育于关中平原中部，从中观区域上考量，关中平原的山水格局和地理形胜构成了西安城市发育腹地。关中平原西起宝鸡，东抵黄河，东低西高，长约360公里。西部宝鸡市一带宽约1公里，东部宽在80公里以上，面积约3.4万平方公里，海拔325～750米[144]。山水格局表现为"两脉、一水、多塬"（图3-1）。其中"两脉"为关中平原北侧由梁山、黄龙山、尧山、将军山、药王山、嵯峨山、九嵕山、五峰山、岐山、陇山等组成的北山山系，以及南侧秦岭山脉，"两脉"构成了天然屏障，形成"金城千里"和"四塞之固[169]"的形胜之地；"一水"是区域范围内最大水系渭河，从西向东流进关中平原，汇集了腹地的众多支流（泾河、石川河、田峪河、涝河、沣河、潏河、浐河、灞河等），最后汇入黄河；"多塬"是众多水系汇集渭河而形成的台状地貌，塬面平坦，面积大小不等，海拔在450～850米之间，主要有岐山、扶风一带的周原，咸阳秦都区一带的平原，灞河与渭河之间的铜人原，临潼的代王—马额原，灞河与浐河之间的白鹿原，潏河与滈河之间的神禾原，浐河与潏河之间的少陵原，周至县城西南的竹峪—翠峰原，岐山县的五丈原等[170-171]。中观层面的山水格局，包含了适宜农业生产的水系和平原，适宜军事防御与风水要素的山水布局，充分迎合了农耕文明时期的农业发展、军事防御的需求和城池营建的文化观念。

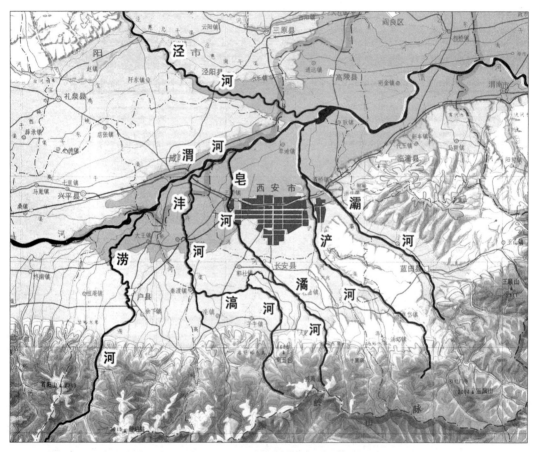

图 3-2　西安微观层面山水格局

（资料来源：史念海．西安历史地图集 [M]．西安：西安地图出版社，1996:71.）

从微观区域上考量，西安位于西安小平原上，"秦岭—八水"构成了西安的整体山水格局。其中，秦岭从南面和东面形成对西安环抱之势，南面正对终南山，东临骊山。"八水"为北边的渭河和泾河，南边的滈河和潏河，西边的沣河、涝河、皂河（皂河原是潏河的古道，潏河在牛头寺附近分为两支，向北为皂河，向西则与滈河合流汇入沣河），东边则有浐河和灞河，界定了西安的城池范围（图 3-2）。"八水"与城市内部的人工苑囿、人工渠、水池、护城河相连通，构成了西安城市景观格局。

3.1.3 地形地貌

西安的地貌包括平原、黄土台塬、丘陵、山地四种基本形态。秦岭山脉的群峰竞秀于关中平原的平畴沃野，构成西安市的地貌主体。秦岭山脉主脊海拔 2000 ~ 2800 米，其中西南端太白山峰顶海拔 3767 米，是中国大陆中部最高山峰。渭河平原海拔 400 ~ 700 米，其中东北端渭河床最低处海拔 345 米。西安城区便建立在渭河平原的二级阶地上。东南叠嵌入三级阶地，地势开阔平坦。城区海拔 400 ~ 450 米。由于秦岭山脉在西安城南折向东北与骊山东南丘陵相连，西安市总体地形东南高、西北低，但坡降平缓。城市中心区域在 400 ~ 410 米与 410 ~ 420 米等高线之间距离均宽达 2 公里，城区西南尤其平坦[144, 172]。

关中地区的地震主要是由于构造运动所引起的，而构造运动强烈的地区主要集中在一些活动断裂带。按照地震分布及与第四纪活动构造的关系，关中区域地震带有四个：宝鸡—潼关地震带，是关中最大的活动地震带，地震强度大，频度高，6 级以上大地震发生 5 次，其中 8 级地震一次；韩城—华县地震带，弱地震活动相当频繁；澄城—临潼地震带，属弱地震带；陇县—岐山地震带，属六盘山地震带的南延部分。关中盆地内的地震总的趋势是南强北弱，多属浅源地震。地震的重复性随震级的升高而次数减少，周期性随震级升高而增长[144]。

3.2 空间发展基础

3.2.1 区域空间演化轨迹

（1）区域结构演进

将城市置于区域背景当中，通过研究区域职能分工、交通区位等，是研究城市内部空间结构演化的有益补充。西安地理格局的特殊性使其在国家政治、经济、军事中拥有重要地位，孕育了西安区域空间格局，并赋予其地缘政治、经济、军事特征的空间权衡。在空间关系上表现为区域产业布局、区域交通格局、区域经济结构、区域城镇结构等。以西安承担的主导功能为导向，从宏观区域考量，在 2002 年之前西安区域主导职能整体历经了四个阶段：

第一阶段为封建统治时期。西安是控制西北边疆、加强中央集权的政治要地；在军事上具有扼控甘凉，稳定川、鄂和联通豫、晋的战略地位；在经济上是沟通西北的皮毛、药材和东南的布匹、茶叶、盐等地区经济贸易的重要集散地，体现出"重镇—边疆"的区域空间特征[173]。在中观层面，关中平原及其丰富的水系网络，孕育了农耕经济时代西安城市发展的经济基础，其依托渭河及其支流的农业灌溉和水路交通作用，在汉代就形成了以长安为中心的"三辅"地区，分布有 57 个县 [144]。这一京畿格局在历经西魏"七州"、隋"三郡"、唐"京畿道"、宋"京畿府"、元"奉元路"、明清"西安府"的演化中，建立了政治、经济、军事等关系区域空间格局，维系了西安范围内的地缘政治结构。

第二阶段为民国时期。这一时期处于农业文明向工业文明推进的阶段，工业成为城市发展的主导因素。在此背景下，影响经济发展的地理优势逐渐丧失，但其政治、军事地位始终得到延续 [174]。此外，这一阶段国家处于抗战时期，伴随 1934 年陇海线的修建，西安成为扼制日本侵略深入内地的第二阶梯黄河段的核心军事要点，承担战时西北国际运输线路的安全和战时供应的职能，其军事职能得到加强。在中观区域层面，因抗战时期沿海和东部地区厂商及院校、文化团体大量西迁，使关中各城镇人口迅速增加，城镇发展出现了空前的繁荣。宝鸡成为陕西与西南、西北区域的物资转运中心。

第三阶段为新中国建立后的计划经济时期。1949 年以来，西安延续了地缘政治格局，伴随国家生产力布局的调整，在"一五"期间西安市承担了苏联援建的 17 项重工业项目，开启了大规模工业化时期，成为西北重要的工业化生产性城市。同时，国家还在西安和关中地区安排了近 50 项大中型配套项目（如建设宝成铁路、交通大学从上海迁建西安、组建西北工业大学等），奠定了中观区域层面（关中）西安和咸阳、宝鸡、铜川等城市的产业格局。而在"三线"建设时期，由于国家战略层面的重心转移，国家将一批骨干企业内迁西安周边的秦岭山脉区域，在陕西安排项目 400 多个，累计投资 126.5 亿元。这些项目以西安为中心，形成包括咸阳、宝鸡、渭南、韩城和铜川等城市为主的机械、纺织和动力工业基地，强化了西安的产业职能。同时，由于这些企业配备了当时先进工业技术，促进了西安工业化的步伐。

第四阶段为建立社会主义市场经济时期。1978 年以来，在市场引导、国家投资大中型项目、三线企业并迁等力量的推动下，西安的经济职能得到强化。在中观区域层面，西安、宝鸡、咸阳、铜川、渭南等构成的关中城镇群逐步形成，成为西北和陕西境内的重要经济区。1986 年关中经济区分布有 54 个县（市、区），其空间格局以陇海、咸铜、西侯铁路为空间轴线，形成潼关，华阴、渭南、临潼、西安、咸阳、兴平、宝鸡、铜川、韩城的串珠式的工业布局（图 3-3），集聚了机械、电子、纺织工业和高等院校等，成为国内输变电设备、仪器仪表、飞机、铁路货车、缝纫机、棉纱、棉布的重要生产基地。在产业布局中逐步建成西安、咸阳、宝鸡电子工业基地，渭南、韩城能源重化工基地，彬县、长武煤炭基地和以西安为中心的旅游基地 [175]。在交通网络方面，铁路交通延续了民国时期的陇海线和咸铜线，在 1978～2002 年期间除了对其进行电气化改造之外，还以两线为依托延伸了临边省市、陕西省内铁路，新建了西侯、西延、宝成、西余、梅七线。公路交通方面，20 世纪 80 年代兴建西临高速公路、西铜一级公路和咸阳国际机场，90 年代建设了西宝、西蓝、西咸、西潼高速公路。省道建设方面，1982 年规划了以西安为中心的 10 条省道。截至 2002 年，关中 11 个城市全部分布于铁路沿线，其中 10 个城市有高速公路或一级公路连通[176]。铁路与公路网络构建，在强化宏观区域交通的同时，为中观层面"串珠状"城市群的形成提供了基础条件，使关中城镇密度和人口密度高于历史水平。

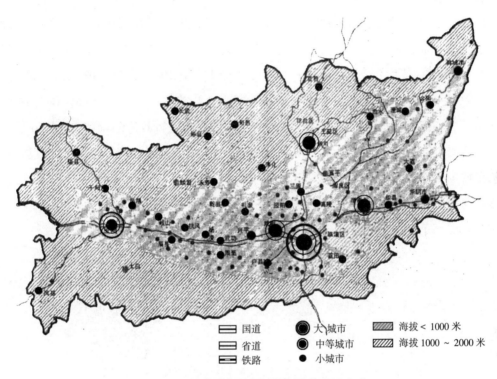

图 3-3　关中城市群空间结构图（2003 年）

（资料来源：根据《陕西省城镇体系规划 (2001-2020)》中相关图纸绘制。）

　　西安区域空间结构的演化轨迹表明，西安依托地理区位和自然条件的特殊性，在农耕文明下形成了较为稳定的地缘政治格局。近代以来，构建在农耕文明之上的自然条件逐渐被工业技术所取代，铁路、高速路、省道、机场取代了"八水"的交通作用。但西安由地缘形成的政治、经济、军事格局并未减弱。尤其在改革开放以来，西安的经济职能得到释放，在市场导向下，城市聚集效应彰显其经济作用，关中平原内城市群初步形成，为西安城市空间结构演进提供区域基础[177]。

　　（2）行政界域演化

　　西安是中华民族和东方文明的发源地之一，有 3100 多年的建城史和 1100 多年的国都史，与罗马、雅典、开罗齐名。自西汉起，西安作为"丝绸之路"的起点城市成为中国与世界经济、文化交流的重要城市。民国时期，西安 1932 年确定为民国陪都，名为西京，但西京市政府始终未成立。1947 年西安市确立为国民政府行政院直辖市，具有重要战略地位。新中国成立以来，西安 1954 年改为省辖市；1981 年联合国教科文组织将西安列为世界历史名城，西安 1982 年成为国家第一批历史文化名城之一；1984 年被国务院列为计划单列市；1992 年被批准为内陆开放城市；1994 年被批准为全国综合配套改革试点城市和副省级城市[178]。

1949 ～ 2002 年间西安区域变迁主要体现在行政范围变迁和行政区划调整两个方面。在行政范围方面，期间发生了两次变化（图 3-4、表 3-1）：第一次是 1954 年，将西安市原辖的 12 个区调整为 9 个区，面积 679.37 平方公里，为 1949 年管辖面积的 2.9 倍；第二次是 1980 年 3 月，撤销西安市郊区，恢复灞桥区、未央区、雁塔区建制，并在 1983 年将蓝田县、临潼县、户县、周至县、高陵县划归西安市，行政区划调整为 7 区 6 县。调整后的西安市辖域是东与渭南市、华县、洛南县、商州市接壤，西与眉县、太白县相连，南依秦岭与佛坪、宁陕、柞水县为界，北跨渭河与富平、三原、泾阳、兴平、武功、扶风等县及秦都、杨陵区为邻，市区面积 1066 平方公里，这一范围一直延续至 2002 年[179]。

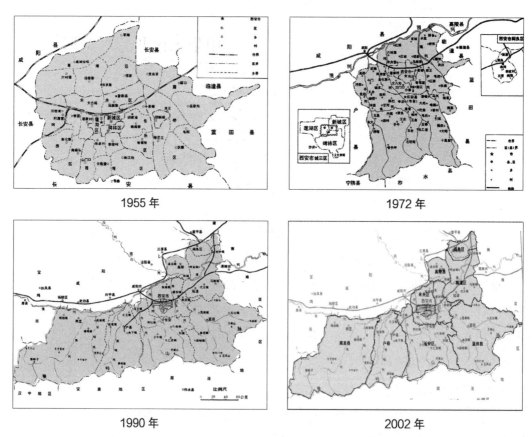

1955 年

1972 年

1990 年

2002 年

图 3-4　西安行政区划演化图（1955 ～ 2002 年）

（资料来源：西安市地方志编纂委员会．西安市志（第一卷）[M]．西安：西安出版社，1996:247-252.）

西安行政区划变迁(1949～2002年) 表3-1

时 间	区 划	调整内容	管辖范围
1949年5月20日	12区	延续民国时期的区划	东至浐河，西至皂河，南至凤栖原北麓，北至龙首原北侧，面积234平方公里
1954年6月	9区（新城、碑林、莲湖、长乐、雁塔、阿房、未央、草滩、灞桥）	西安市原辖12个区和由长安县新划来的乡镇合并调整为9个区	东至骊山主峰西侧，西至漆渠河，南至凤栖原北麓，北至渭河，面积679.37平方公里
1957年4月22日	7区（新城、碑林、莲湖、雁塔、阿房、草滩、灞桥）	撤销长乐、未央两区建制	
1960年5月20日	市辖区减为4区（阿房、雁塔、灞桥、未央）	将莲湖、碑林、新城区撤销，在1962年恢复	
1966年6月2日	5区（新城、碑林、莲湖、草滩、阎良）	将临潼县所属阎良镇划归西安市组建为阎良区	
1966年11月	5区（新城、碑林、莲湖、草滩、阎良）	将新城、碑林、莲湖、阎良区更名为东风、向阳、红卫、东红区，1972年恢复	
1980年3月2日	7区（新城、碑林、莲湖、灞桥、未央、雁塔、阎良）	1980年恢复灞桥、未央、雁塔区建制	东与渭南市、华县、洛南县、商州市接壤，西与眉县、太白县相连，南依秦岭与佛坪、宁陕、柞水县为界，北跨渭河与富平、三原、泾阳、兴平、武功、扶风等县及秦都、杨陵区为邻，市区面积1066平方公里
1983～1996年	7区（新城、碑林、莲湖、灞桥、未央、雁塔、阎良），6县（长安、蓝田、临潼、周至、户县、高陵）	蓝田、临潼县和咸阳地区所属户县、周至县（1964年9月将鄠县改为户县，盩厔改为周至）、高陵县划归西安市	
1997年	8区（新城、碑林、莲湖、灞桥、未央、雁塔、阎良、临潼），5县（长安、蓝田、周至、户县、高陵）	临潼撤县设区	
2002年7月9日	9区（新城、碑林、莲湖、灞桥、未央、雁塔、阎良、临潼、长安），4县（蓝田、周至、户县、高陵）	长安撤县设区	

（资料来源:根据西安地情网相关内容整理。http://www.xadqw.cn/gm/ls/. 2015.10）

在行政区划方面，1949～1978年间西安市区划名称与范围的变更频繁，主要是配合国家价值导向和指令的变动；1978～2002年间进行了两次县改区变化，分别是1997年将临潼县改为临潼区，2002年将长安县改为长安区。在微观层面，1993～2002年对街道、镇、乡进行了镇变街道、乡变镇的调整，从1993年的44个街道办事处、41个镇、145个乡、1485个居委会、3151个村民委员会，变为2002年的60个街道办事处、64个镇、52个乡。

改革开放以后的行政区划调整，加强了西安市的中心城市地位，通过市级行政综合平衡，形成"城市—乡村"产业发展导向，促使乡镇企业有组织的向城镇聚集。此外，在实行改革开放初期，受知青返乡、三线工厂回迁的影响，西安市区人口急剧上升，促使对城市空间的需求加剧，行政区划调整后增加城市规模，契合了城市人口激增对生产生活空间的需求。

3.2.2 历史遗址分布特征

西安1100余年的都城文明史，在空间区位上具有鲜明区位分异（图3-5）。西周文化遗址分布在西部的沣河两岸，秦汉宫室陵寝遗址分布在北部的渭河沿岸，隋唐清长安遗址布局在现建成区居中位置。在空间尺度上具有规模大、分布广的特征[180]，重要历史文化遗址对城市发展空间的叠压度达37%[181]。西安肩负着中国古都文化延续的重担，其历史文化保护较经济发展的目标更为重要。

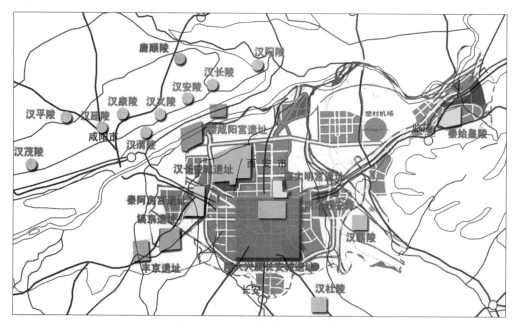

图 3-5 西安历史文化遗址分布图

（资料来源：引自《西安城市总体规划 (2004 年—2020 年)》专项图）

透过历史遗址的布局特征与传统规划哲学理念的关联，形成不同时期的文化轴线（图3-6），将城市空间格局与周边山水条件纳入为一体，是西安得天独厚的历史遗产，具有很高的功能价值和美学价值。王树声等人（2009）[182]通过对历史遗址与周边山水条件的研究表明，这些遗址分布蕴藏了历代西安城市规划的特征，具体体现为大尺度的地区设计传统，注重规划、建筑、风景三位一体的营建方法，以重要标志建筑及其相互结构关系控制城市格局，轴线序列具有时序性的特征等。因此，西安现存的历史文化遗址，不仅是文物遗存，更是西安历代城市空间规划的智慧体现，蕴含了丰富的文化哲理。

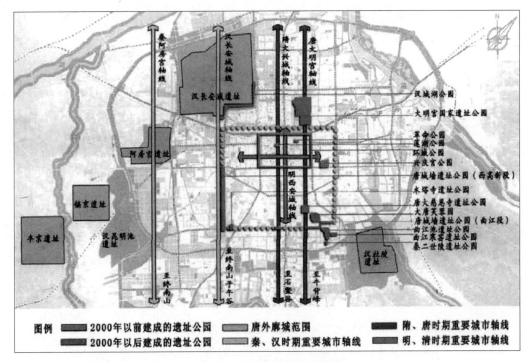

图 3-6　西安城市历史轴线图

（资料来源：吕琳，周庆华，李榜晏 . 西安遗址公园空间演进与评述 [J]. 风景园林，2012(2):28-32.）

3.2.3　内部空间发展基础

　　1949 年以来中国进入社会主义建设时期，在 1949 ~ 1978 年期间国家通过没收官僚买办资本、社会主义改造、土地改革、人民公社化等一系列方式获得了社会资源的控制和配置权 [175]。这一时期，国家成为城乡空间的权力主体，控制着空间使用的权力和建设资金等，城市空间的价值适从于"生产性城市"的供给，城市空间的属性适从于"国家主义"和"集体主义"意识形态，工业化和阶级化成为这一时期城市空间的整体特征 [175]。

　　受制于国家意识形态和计划经济的影响，1949 ~ 1978 年间的西安城市建设处于三种发展时态中。第一种是以"苏联模式"下的"五年计划"为单位，组织城市重大项目建设和经济发展，西安是国家层面重点建设城市之一；第二种是以国家意识为主导城市建设活动，"大跃进"（1958 ~ 1960 年）、"人民公社"、"文化大革命"（1966 ~ 1976 年）、"上山下乡"等，这种方式对城市建设带来了负面干预作用；第三种是受国际形势变化影响，西安被纳入到国家战备的"三线建设"（1964 ~ 1980 年）区域，成为沿海工业内迁的重点城市之一。在这三种活动的耦合与摩擦下，西安城市空间发展历经了三个阶段：城市建设恢复及工业"跳跃组团"发展时期（1949 ~ 1957 年）、城市急速发展及"T"字形空间格局确立时期（1958 ~ 1965 年）、城市建设停滞及"反城市化"发展时期（1966～1978年）。城市建设呈现不稳定和不持续的发展特征（图3-7），这在内陆城市建设中具有普遍性。

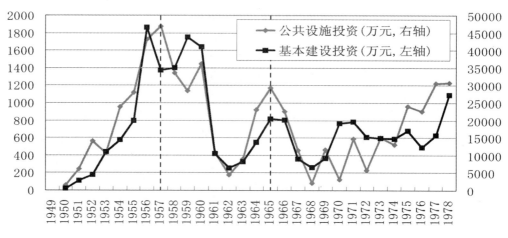

图3-7　西安城市历年固定投资演化图（1949～1978年）

资料来源：西安市地方志编纂委员会.西安市志（第一卷）[M].西安：西安出版社，1996:5-8.

（1）改革开放前城市"空间格局"特征

1949～1978年的西安城市空间发展表明，改革开放前西安历经了城市空间结构的重大转型。首先，在制度上构建了计划经济体制，建立了中央集权下高度统一的计划经济管理体制，由国家完全掌控所有的生产要素，包括土地、市场、劳动力等，城市建设成为社会和国民经济计划的空间形式；其次，在城市功能上完成了从商贸中心型向"生产性城市"的转变，奠定了以重工业为主导的工业基础；再次，在城市空间发展上，依托重大工业项目的落实，工业用地最先以"跳跃"的方式远离明城区，以此带动居住、仓库、交通用地的扩展，形成集工业、居住、仓储等用地为一体的"工业组团"，并成为城市发展的主导因素，在宏观上决定了城市用地扩展速度；最后，在城市形态扩张上，"工业飞地"和"教育飞地"成为城市拓展的主要模式。

这一系列的城市转型累积使1978年西安城市用地规模达到91平方公里，城区人口为210.15万人[183]，GDP为25.35亿元，分别为1949年的7.2倍、5.3倍、13.4倍；一、二、三产比重顺序为2:1:3，其中工业产值占57.55%；城市形态演化为"一城、多组团"的"T"字形态格局（图3-8）。在功能空间方面，应用历史地图还原的方法分析表明，工业用地占36%，居住用地占30%，公共设施用地占17%、商业用地占1%[①]（图3-9），明城

---

① 以1981年的非矢量图为基础，通过描绘后与2004年《西安现状图》的矢量图为参照，调整后量化的数据，经与相关数据对照，误差在5%以内。本书的城市建设用地面积的数据均来自地图还原后的实际丈量数据。

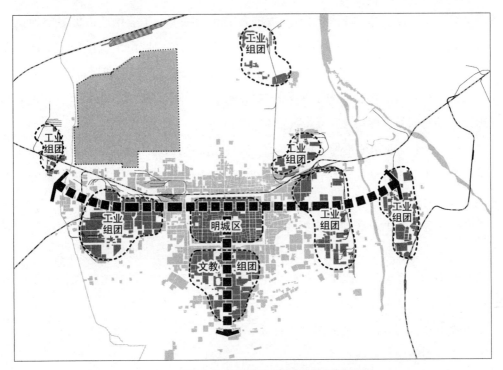

图 3-8 1978 年西安城市空间格局

（资料来源：根据《西安历史地图集》中《西安现状图 (1981)》绘制）

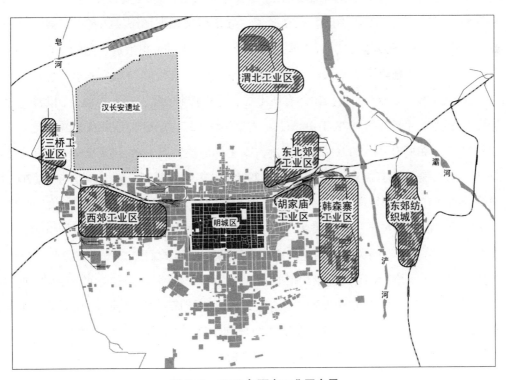

图 3-9 1978 年西安工业区布局

（资料来源：根据《西安历史地图集》中《西安现状图 (1981)》绘制）

区处于居住、工业、商业和行政用地高度混合的功能特征。工业用地占据主导地位，城市的其他功能被忽视，居住生活用地和公共设施用地较少，城市用地比例不均衡。在中观及微观层面体现为城市功能空间在空间比例、尺度、强度、区位上布局特征与相互关系。

①功能区位：城市功能空间主要分布在陇海线的北侧，呈"T"形格局；工业区形成独立组团，并与明城区保持 4 ～ 13 公里的空间距离。

②功能比例：工业用地主导了城市居住空间、道路结构等用地的发展方向和速度，构成了生产性城市的主导功能，居住及公共功能缺乏；工业类型以"大出大进"型的重工业为主，全民所有制占据主导企业主导了企业类型。

③空间关系：各工业区独立成组团，交通可达性弱，空间隔离明显；"单位"是城市的基本空间和社会单元，"单位"的分异与隔离构成了城市空间的基本关系。

④空间强度：建筑高度以 1 ～ 2 层为主，建筑密度在 20% ～ 25% 之间，属于低强度和低密度的空间特征，并呈内高外低的强度分布特征。

（2）改革开放前城市"功能类型"特征

①工业空间格局及特征

受国家政策、经济计划决定的工业布局的影响，在宏观层面，1978 年西安市工业总产值为 44.7 亿元，比 1949 年增长 61.2 倍，平均每年递增 15.3%；工业固定资产达 38.9 亿元，积累总额为 7.23 亿元；工业用地形态和产值主导了城市用地形态结构和城市经济增长规模；由于西安市承担的是国家层面的军工、机械、纺织等"大出大进"型的工业类型，在发展模式上依托计划经济下中央资金投入而逐步发展，其发展与地方需求、经济发展相偏离；在产业结构上，轻工业占据比例有所上涨，但重工业依然占据主导地位，机械、纺织、化工成为主要工业类型（1978 年机械工业占据 44.62%，纺织工业占 23.23%，化工工业占 8.67%[184]）；在所有制结构方面，公有制占据主导地位，到 1975 年底全市共有工业企业1555 个，其中全民所有制企业 464 个，占 29.8%，集体所有制企业 1091 个，占 70.2%；呈现单一的公有制结构特征。

除宏观层面工业经济、产业类型、社会结构之外，在中观和微观层面的空间特征主要集中在空间区位、空间关系、功能构成、空间强度四个方面：

第一，空间区位：组团式包围中心城区。工业布局维系了 1965 年的工业区位格局，分为组团式工业区和分散工业两种布局方式。其中，组团式的工业区布局遵从了传统重工业对铁路交通、自然要素（水源、水质等）、地理格局（土地平坦、村落疏远等）的要求，其空间区位限定在皂河、浐河、灞河、渭河所形成区位范围内沿铁路线（陇海线）呈带状分布，工业类型以纺织、机械、钢铁为主导形成工业区，每个工业区有独立的铁路支线，呈现工业包围城市的特征（图 3-10、表 3-2）；而零散的工业厂区依托城市基础设施的布局，在城市内部"见缝插针"式布局，主要分散在明城区范围内。此外，由于资源与需求关系不密切，使得企业与本地的经济发展脱轨，工业的聚集效益不高。

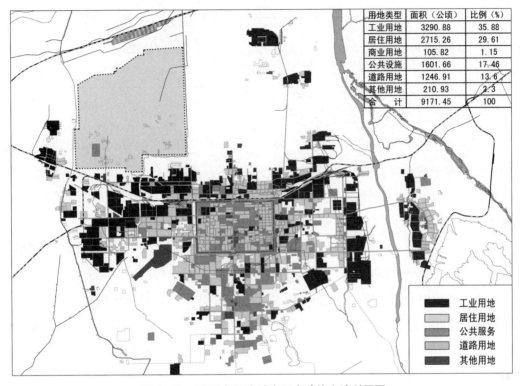

用地类型	面积（公顷）	比例（%）
工业用地	3290.88	35.88
居住用地	2715.26	29.61
商业用地	105.82	1.15
公共设施	1601.66	17.46
道路用地	1246.91	13.6
其他用地	210.93	2.3
合　计	9171.45	100

图 3-10　1978 年西安城市五大功能土地利用图

（资料来源：根据《西安历史地图集》中《西安现状图（1981）》绘制）

1978年西安城市工业区概况表　　　　　　　　表3-2

名称	区位及范围	主要企业	类型
西郊工业区	位于西郊，劳动路以西，陇海铁路以南，鱼化寨以北，未央路以东	西安开关整流器厂、西安高压电瓷厂、西安绝缘材料厂、西安电力电容器厂、西安庆安宇航设备公司、西安远东机械制造公司	电力、机械、仪表
东郊纺织城	位于东郊郭家滩一带，距市中心约10公里，北临陇海铁路，南至北殿村，东到新市南坊，西临浐河，长约6公里，宽约3公里	西北一印、国棉三厂、国棉四厂、国棉五厂、国棉六厂、灞桥电厂、西北电力建设第四工程公司、红旗水泥制品厂、西安电力机械厂	纺织、电力、水泥
东郊韩森寨工业区	位于东郊，距明城区约7公里，东起浐河，西至金花路，北临陇海铁路、南达等驾坡。长约7.2公里，宽约3公里，面积约21.6平方公里	黄河机器制造厂、西北光学仪器厂、昆仑机械厂、秦川机械厂、华山机械厂、东方机械厂	机械类军工企业
东北郊工业区	位于太华路以东，陇海铁路以北的辛家庙、八府庄一带	西安黄河棉织厂、西安煤矿机械厂、陕西重型机器厂、西安内燃机配件厂、西安水泥制管厂、西安啤酒饮料总厂等	机械、水泥、棉织等综合性

名称	区位及范围	主要企业	类型
胡家庙工业区	东接韩森寨工业区，西到环城东路，北临陇海铁路，南临长乐路，总面积4平方公里	西安电机总厂、西安筑路机械厂、省金属结构厂、西安人民搪瓷厂	机械、钢材
西郊三桥工业区	位于西安城西约10公里的三桥镇	西安车辆厂、三四〇二厂、西安造纸机械厂等	机械
渭北工业区	位于城北渭河南岸徐家湾一带，距市中心约13公里	西安航空发动机公司国营五二四厂等	航空

（资料来源：根据《西安市志(第三卷)》中第103～104页相关内容绘制）

第二，空间尺度：组团式的隔离。工业区主要分布在明城区的东、西两侧，与明城区保持4～13公里的距离。这种空间关系避免了工业区对老城区的环境、噪声等方面的干扰，保持了"工业组团"在功能上的独立性，但同时也造成工业区与工业区之间的空间隔离（工业区之间被浐河、灞河、皂河、铁路隔离），交通的通达性较弱。

第三，功能构成：生产性主导。工业区以厂区为主导功能，区内配有医院、供销社、工人俱乐部、工人新村等功能，但占用用地比例很少。以东郊纺织城为例，工业用地占约60%，居住用地为约19%，而公共设施及商业占约9%，生活性城市功能被弱化。

第四，空间强度：低密度。由于西安工业发展缘起于前苏联的援助，以粗放型的工业类型为主，工业用地用地密度20%～35%，厂房以单层为主，而居住建筑以1～2层为主，容积率与建筑密度均比较低。

②居住空间格局及特征

在宏观层面，1978年西安总建筑面积911万平方米，为1949年的3.6倍，但人均居住建筑面积与1949年（1978年人均居住建筑面积为3.44平方米/人，1949年为3.32平方米/人）接近。居住模式历经了从传统街坊模式向单位大院、工人新村、文教新村的演化；居住用地范围从明城区逐步向外围的工业区、文教区拓展，成为"组团"的功能补充。其在中观及微观层面的显性特征主要有以下几个方面：

第一，空间区位及功能：依工业，成"新村"。从空间分布来看，传统街坊居住形式主要集中在旧城区和城东的部分区域，在功能上与商业、行政、公共空间、工业形成混合型的居住形态。而单位制下的"新村"，因"单位"性质的差异，形成"工业—居住"、"行政—居住"、"文教科研—居住"等类型，主要分布与明城区外围"工业组团"内（西郊工业区、西北郊仓库区、东郊韩森寨工业区、东郊纺织城、北郊的渭北工业区）。"一五"期间的"新村"与工业区以100米宽防护林带相隔，"新村"内按规划修建托儿所、幼儿园、食堂、理发室、浴室、储蓄所、俱乐部、医院、商店等公共设施，还配建有党校、劳动疗养所、职工医疗所等公共建筑；生活区内安排不同层次的集中绿化[185]。"一五"之后的居住格局维系这种整体特征，公共设施配套欠缺，并与"一五"、"二五"、"大跃进"、"三线建设"等社会主义运动下的社会形态相契合。如在"文革"时期，推行"干打垒"居住建筑，多采取外廊式格局，设置楼层公共厕所和盥洗池，居住设施简陋。

第二，空间模式：街坊。"单位大院"式工作—居住混合体为这一时期居住空间的主流形态，也成为计划经济时期我国城市开发建设"新"居住区的普遍形态。居住空间模式主要分为单位制下的"新村"和传统"街坊"两种。其中，传统"街坊"主要分布在明城区内的西北角和东北角，有民国时期的成一德庄、四皓庄、五福庄、六谷庄、七贤庄等和明清时期的通济坊、西城坊、莲莹坊、回民坊、书院门等。空间单元由1层、2层的砖木结构的建筑组成，形成天字、地字、元字、丁字形等空间形态，并形成"围寺而居"、"回汉杂居"等具有传统聚落特征的空间格局和社会结构；在功能上与商业、行政、公共空间、工业形成混合型的居住形态（图3-11）。而单位制下的"新村"、"工业组团"、"文教组团"相结合，形成具有苏联特征的"街坊大院"，其普遍格局是棋盘式的道路网将用地划分为面积约8公顷左右的多个街坊，住宅沿街坊周边布局，内部由大庭院、小型绿化和宅前庭院若干等级组合成不同大小、私密层次的空间。这一格局的建筑高度在不同年代有所变化（图3-12、表3-3），但空间模式得到延续。这一特征在当时的武汉、沈阳、长春、洛阳等苏联重点援助的城市中，具有典型性。

图3-11 1978年西安城市居住类型分布图

（资料来源：根据《西安现状图(1981)》和《西安市志（第二卷）》相关内容绘制）

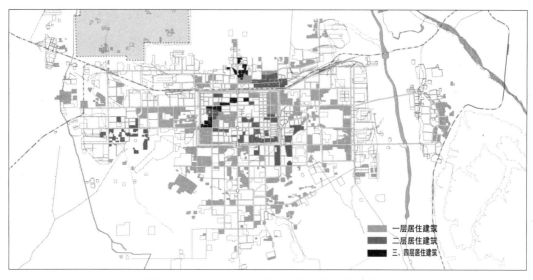

图 3-12　1978 年西安城市居住建筑高度分布图

（资料来源：根据《西安现状图 (1981)》和《西安市志（第二卷）》相关内容绘制）

1978年西安城市居住建设简表　　　　　　　　　　表3-3

住区名称	区位分布	总体特征	建造年代
劳动村、生产村、新民村、新兴村、长乐村、和平村、中兴村、安仁村、红星村、新建村	西郊工业区、东郊纺织城、南郊文教区	1 层平房，148 幢，1900 余户，"新村"	1951～1952 年
药王洞住宅楼	城区内北部、西北三路	2 层建筑，4 幢，3019 平方米，"新村"	1953～1957 年
龙首村	北关未央路	1 层土木砖坯结构平房，2000 余户	1958～1962 年
文艺路、卧龙巷、太平路、香米园、八家巷、西北三路、社会四路、平民二所、东新市场、草滩路、龙首村、莲湖路、牛家巷、糖坊街、老关庙、北马道巷	明城区内及近郊范围内	2 层楼房 7 处，3 层 4 处，4 层 5 处，"干打垒"式住房	1963～1965 年

（资料来源：根据《西安市志(第二卷)》第262～263页相关内容绘制）

　　第三，空间关系：单位式的隔离与分异。由于单位制的空间单元和社会单元的影响，居住用地与工作地点临近或在同一地块内，形成职住平衡的空间关系。在空间分布上与"组团式"的空间格局相结合，均衡分布。居住空间分异因职业差异而形成空间分异特征。

　　第四，空间强度：低强度。整体上建筑高度在 1～4 层之间，其中，明城区的建筑以 2～3 层为主，与明城区临近的近郊区以 1 层为主，层高呈现从明城区到城市边缘逐步递减的特征。按照建造时间划分，1951～1962 年建造的居住建筑受苏联设计标准影响，以 1～2 层为主，容积率≤ 0.5，建筑密度 20%～30%[186]，土地使用强度不高；1963～1965 年建造的居住建筑以 3～4 层为主，容积率和建筑密度比之前有所提高，但这种强度与当时人口规模相比，仍处于低密度和低强度的范畴。

第五，社会生活：集体式，单一化。由于城市建设中对休闲空间营造较少，个人休闲生活比较单一。人们的休闲场所常设在室外露天或集体礼堂，以集体组织为主。

③道路交通格局及特征

1949～1978 年，西安城市的道路空间发展经历了道路新拓和路面质量改造两个阶段。其中，1949～1962 年属于道路新拓时期，截至 1962 年西安城市主次干道共 70 余条，道路长 357.8 公里，面积 361.9 万平方米[183]；1963～1978 属于路面质量改造时期，进行碎石路面的沥青硬化改造和人行路面的铺砖化改造等。因此，1978 年的道路格局维系了1962 年的西安道路网格局和道路数量，较 1949 年路面长度和面积分别增长了 262.9 公里和 284.5 万平方米，道路网密度为 3.76 公里 / 平方公里，人均道路面积为 1.72 平方米 / 人。

第一，道路结构："一环、三横、三纵"。"一环"是围绕明城区城墙外围形成城市环线（环城南路、环城北路、环城西路、环城东路），并以此为依托形成通往工业区、文教区的"三横"、"三纵"的道路骨架（图 3-13），契合了西安城市整体"一城、多组团"空间结构。"三横"中的一条由大庆路—莲湖路—长乐路构成，连通南北各区，另一条由丰镐路—西大街—东大街构成，强调明城区与城西的空间联系，第三条由环城南路—咸宁路构成，强调明城区与城东的空间联系；"三纵"是以明城区内的道路为依托，主要向南拓展，其中贯穿南北的是由未央路—北大街—南大街—长安路构成，是南北直线距离最长的城市主干道，另一条由西北路—陵园路构成，第三条以火车站为起点，以大雁塔为终点，由解放路和雁塔路构成，沟通了明城区与南部文教区。

第二，道路格局："均衡对称、经纬涂制"。道路以明城区路网为骨架向外延伸，组成棋盘状放射的路网形式，形成整体均衡对称的棋盘式格局（图 3-13）。在道路网密度方面，明城区的道路网密度最大，西郊工业区和东郊纺织城、南郊文教区和东郊韩森寨工业区的密度较低，呈现内密外疏的特征，这与西安明城区外围独立组团的功能性质相关。而远郊工业区内部道路网络呈自由分布特征，表明远郊工业区的道路修建并非在统一规划下实施建设。

第三，道路类型："主干道—次干道—街坊街道"。城市道路分为主干道、次干道和街坊街巷道路三级（图 3-13）。其中，主干道道路间距为 1000～2000 米，道路宽（除大庆路和万寿路之外）为 40～60 米。大庆路局部路段宽 100 米，中间 45 米宽的防护林带，分南北路，南路路宽 30 米，三块板路型，快车道宽 12 米，慢车道宽 3.5 米，隔车带各宽 1.5米，北路为厂区道路，路宽 25 米，车行道宽 12 米；万寿路与新福路形成宽 200 米的道路，中间留有 100 米的防护绿地；次干道宽 25～50 米，明城区内的间距为 300～500 米，郊区为 300～1000 米之间。街巷道路宽 12～20 米。

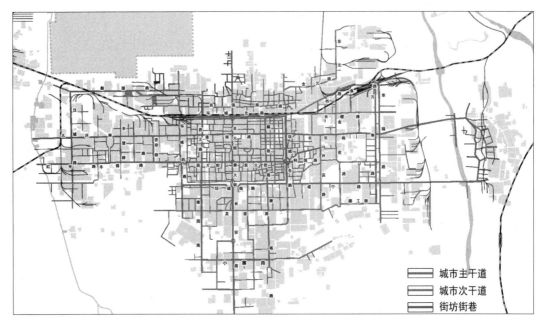

图 3-13　1978 年西安城市道路结构图

（资料来源：根据《西安现状图 (1981)》和《西安市志（第二卷）》相关内容绘制）

第四，空间关系：内密外疏。"一环、三横、三纵"的道路结构和内密外疏的道路格局，在空间上强化明城区与"组团"之间联系，"组团"与"组团"之间的空间联系不紧密；邻近"组团"之间的普遍由两条城市主干道连接，而非邻近"组团"之间的普遍由一条城市次干道连接，远郊四个工业区（三桥工业区、东郊纺织城、东北郊工业区、渭北工业区）形成独立网络（图 3-14）。此外，工业"组团"在空间上强化了铁路联系，依托铁路形成串珠式的空间关系。这种道路格局形成的空间关系表明，1978 年西安城市的功能空间依托"组团"模式形成内部的功能组合，对周边组团在功能上依赖性弱，同时这种空间关系隔离了抑制了城市社会活动，促使了城市活力的缺失。

④商业空间格局及特征

1949～1978 年西安商业结构经历了由私营主导向国营主导的转化；商业网点从自由布局到计划经济下的按行政区划下分级布局；商业性质从私有制向全民所有制转变，构建了基于固定的对象、扣率和供应区域下的流通模式，国营和供销合作商业通过掌握主要物资而有效控制市场。在此过程中，商业结构、商业性质、商业模式围绕着社会主义运动的价值导向而呈现起伏性的变化，曾产生了民生、解放、平安、城隍庙等 4 大民营商店，但在 1958 年均变为国营商店；八仙庵集贸市场曾成为城区最大的集贸市场，并依托城市"一城、多组团"城市格局组建了东关、西关、北关、南关、三桥、灞桥的集贸市场，但 1964 年底，在"打击暴发户"和"打击投机倒把"的运动下，城内的集贸市场已被全

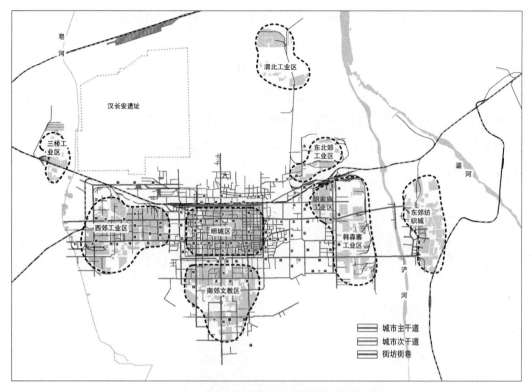

图 3-14　1978 年西安城市道路的空间关系图

（资料来源：根据《西安现状图 (1981)》和《西安市志 (第二卷)》相关内容绘制）

部取缔，城外的东关、西关、北关、南关和三桥、灞桥的集贸市场交由供销社管理，全然失去集贸市场的性质。剥离变化过程，1978 年城乡集贸市场开始恢复与开放，21 个近郊小市场和被关闭的 12 个农村集市开放，全市共有 7088 个商业网点，有 100 多家个体工商户，总量少于 1949 年（全市有私营商业户 8230 家）；商业类型为零售商业、饮食业、服务业，其中零售商业以 82.70% 的比例成为主导类型。因此，1978 年西安商业空间的特征表现为：国营主导的商业结构，分级布点的空间格局，固定价格的流通模式，零售商业主导的商业类型。

⑤公共空间格局及特征

公共空间是以生活性为主导的公共服务设施和公共开放空间，1978 年西安城市公共空间在内容上主要包含教育科研、医疗卫生、文化体育、公园广场、行政办公、文物古迹六大功能，其中教育科研、行政办公、医疗卫生占据了主要比例，它们的空间布局和特征聚集了 1978 年西安城市公共空间的主要内容。应用历史地图还原的方法对 1978 年西安城市公共空间进行量化分析，其主要特征为：

第一，区位与功能结构：非均衡，成组团。教育科研、行政办公、医疗卫生占据了主要地位，比例分别为 48%、20% 和 12%。明城区内集中了省级和市级公共设施，其中政府办公和工业企业办公构成了行政办公的主要类型，博物馆、电影院、纪念馆构成文化体育的主要类型；而临近组团（东郊纺织城、韩森寨工业区和西郊工业区）主要分布"组团"级的医疗、工人俱乐部、中小学等功能；远郊的渭北工业区、三桥工业区、东北角工业区的公共设施则属于空白区。从功能类型上分析，行政办公功能主要集中在明城区，教育科研功能主要集中在南郊文教区，省级和市级的医疗卫生用地分布在明城区和文教区，"组团"级的职工医院分布在邻近工业组团，绿地广场均衡分布在明城区及邻近"组团"范围内（图3-15）。

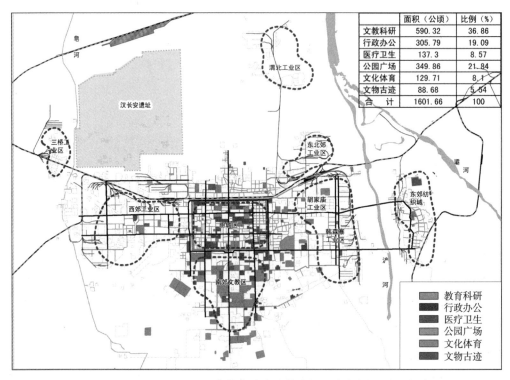

	面积（公顷）	比例（%）
文教科研	590.32	36.86
行政办公	305.79	19.09
医疗卫生	137.3	8.57
公园广场	349.86	21.84
文化体育	129.71	8.1
文物古迹	88.68	5.54
合　计	1601.66	100

图 3-15　1978 年西安城市公共空间用地布局图

（资料来源：根据《西安现状图(1981)》和《西安市志(第二卷)》相关内容绘制）

在建设顺序上，公共空间功能主要分布在 1949 ~ 1957 年西安城市建设区内，而在 1958 ~ 1978 年扩增的建成区内缺乏公共空间功能。在交通区位上，公共空间主要分布在铁路以南区域，主要沿城市"三横、三纵"的城市主干道分布。

第二，空间关系与属性：三角形关系。以公共空间布局集中的区域为圆心，依托1978 年西安城市"一城，多组团"的城市空间格局，以其所服务的最远居住空间为半径，分析其空间关系表明，西郊工业区与南郊文教区的服务半径最大，在 3500 ~ 5300 米之间，而明城区、东郊韩森寨和纺织城的服务半径趋同，在 1100 ~ 2000 米之间（图3-16）。邻近公共中心之间的距离最大为 6500 米，最小为 5000 米。其中西郊工业区、东郊韩森寨与南郊文教区的公共中心趋同等腰三角形的格局，而明城区位于中心偏北的位置。

这一空间关系表明，西郊工业区、东郊韩森寨、南郊文教区与明城区的公共中心空间距离邻近，但因交通可达性的影响，南郊文教区与西郊工业区和东郊韩森寨的公共中心的交通可达性差，实际联系不强，在空间上形成了以明城区为主，连通邻近组团公共中心的关系；而东郊纺织城内的公共空间形成较为独立服务范围。各公共空间之间的服务范围表明，公共空间之间的关系契合了"一城，多组团"的城市空间格局而引发的"组团"的独立性与隔离性的特征。

第三，市政设施：排水系统主导。1978 年西安的市政设施主要内容为排水系统。总体分为城东和城西两个分区，其中城东分区依托浐河自然水系，采取雨污合流的方式，将雨水和污水通过干管收集后直接排入浐河。城西片区采取雨污分流的方式。城西片区雨水系统划为沣惠渠雨水分区、陇海铁路雨水分区、护城河雨水分区、兴庆湖雨水分区、东南郊雨水分区五个分区，依托沣惠渠、护城河、兴庆湖等明渠和自然低洼雨水收集点，收集城区雨水后汇集在汉长安城东南角的李家壕沉淀，最后通过城北的漕运明渠排入渭河[183]；污水系统是以邓家村污水厂（距市中心约 8.5 公里）为核心，将城区西北、西南

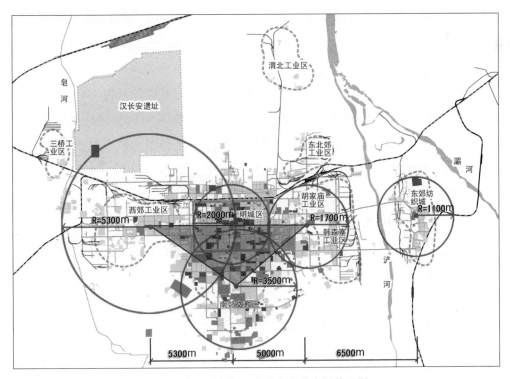

图 3-16　1978 年西安城市公共空间关系图

（资料来源：根据《西安现状图 (1981)》和《西安市志 (第二卷)》相关内容绘制）

向的工业区污水通过地下管道连通，经邓家村污水处理系统无害化处理后，排入皂河。排水系统在"一五"、"二五"时期初步奠定基础，但 1963 ~ 1978 年期间市政工程长期滞后，排水设施建设发展缓慢。

3.3 改革开放以来西安城市空间结构演化的历史分期

城市空间发展是一个动态演化的过程，在经济、社会、文化、生态等不同因素的影响下呈现阶段性的特征，这是城市空间结构时空特征和客观规律。为契合城市空间发展的规律，相关研究普遍以历史分期为脉络，应用时空分析的方法系统性地认知城市空间结构的发展规律，成为解析和认知城市空间结构特征、问题、机制等研究的主要路径。

3.3.1 相关研究启示

城市化和工业化占据了历史分期划分的研究主线，而与城市化和工业化相关的理念变迁、发展模式、动力机制、量化测度、国外经验等成为主要依据。其中，以城市化为主导的研究主要关注城市的社会文化演进，制度转变和城市化水平变化成为划分的主要依据。武力（2002）[187]、陈锋（2009）[188]等人从制度转变视角，以 1984 年、1992 年、2003 年为时间节点，将改革开放以来的城市化的阶段划分为四个阶段；白南生（2003）[189]、叶嘉安（2006）、方创琳（2008）等人分别以增长速度、增长平均值、城市化的经验为依据，在参考国外城市化发展路径与特征的基础上，对 1978 年以来的中国城市化发展阶段进行研究，在研究结果上呈现时间节点均不相同的历史分期阶段（表3-4）。单纯以制度转变或城市化水平作为城市发展分期依据，均存在划分要素单一性的问题。针对这一问题，李浩（2012）综合了制度变迁和社会—经济发展指标，对 1949 年以来的中国城市化阶段提出了"248"方案。

中国城市化发展阶段演化的主要历史分期结论　　　　　　　　表3-4

作 者	划分阶段	时间节点	依 据
武力（2002）	3 个阶段	1984、1992	经济体制及制度转变
白南生（2003）	3 个阶段	1987、1996	城市化速度平均值
叶嘉安等（2006）	3 个阶段	1990、2000	城市化速度及城市化发展模式
方创琳（2008）	3 个阶段	1984、1996	世界城市化发展阶段
陈锋（2009）	4 个阶段	1984、1992、2003	经济体制及制度转变
李浩（2012）	4 个阶段	1988、1994、2001	制度转变与经济社会发展

（资料来源：依据李浩（2012）[190]相关内容绘制）

以工业化为主导的研究主要关注城市经济规模和效益。学者普遍基于西方经典工业化理论（霍夫曼比例、科迪指标、西蒙·库兹涅茨划分标准、赛尔奎因与钱纳里划分标准、配第—克拉克定理等[191]），通过工业结构水平、产业结构水平、就业结构水平、人均GDP水平、城乡结构状况等指标的选取及构建，得出工业化进程的综合测度值，并以此判断工业化初期、中期、后期等阶段。在此过程中，政府与学术研究机构存在分歧。其原因主要在于对中国工业化发展的特点以及偏离"标准结构"程度把握的不同。相关研究表明，衡量工业化发展进程的主要测度为工业结构水平、产业结构水平、就业结构水平、人均GDP水平、城乡结构状况五个方面，而三个产业的比值结构、制造业增加值占总商品增加值比重、人口城市化率、第一产业就业人员占比等成为具体的指标体系，这为西安城市空间发展分期提供量化指标方向。

除了国家层面的历史分期研究之外，关于改革开放以来西安城市空间发展的历史分期研究有两类（表3-5），一类是以政府部门主导的地方志、年鉴及政府工作报告，这类研究主要以制度变迁为主，兼顾经济—社会水平，陈述西安城市经济—社会—制度变迁的显性阶段特征，主要成果有《西安市志（第三卷）》和《改革开放以来西安经济社会发展成就系列统计报告之一》。另一类是学者从西安城市规划历史过程、开发区发展历程、工业发展历程等进行了相关研究，这类研究是以西安城市空间发展的子系统为对象，其相关研究具有片面性的特征。因此，以政府部门主导的地方志、年鉴及政府工作报告文献成为1978年以来历史分期研究的重要文献。两类文献关于阶段的划分存在时间上的差异，但其关于城市发展阶段的划分均是以经济、社会、政治方面的体制转型为主导，以重大事件为时间节点的历史分期研究，与武力（2002）和陈锋（2009）等人的研究具有相似性。

西安城市空间结构演化的阶段分期结论　　　　　　表3-5

出处及作者	划分阶段	时间节点	研究视角与依据
《西安市志（第三卷）》（1990）	制度变迁	1984、1997	制度变迁
	经济发展	1982	经济发展
《改革开放以来西安发展成就》（2009）	4个阶段	1984、1992、1997	经济发展、国家制度变迁的重大事件
赵哲（2005）、杨敏（2009）	4个阶段	1983、1994、2008	城市规划历程（三版规划评审时间）[192-193]
付凯（2012）	3个阶段（1986~2011）	1986、1991、1997	西安高新区发展历程：产业培育时期，建设启动期，稳健发展期[194]

相关研究由于学科应用本体的差异，使得关于历史分期的研究存在视角单一的问题，不利于学科交叉下的城市空间发展研究。此外，以制度、经济、社会为主导的研究其本

质是对城市空间发展中隐性因素的研究，普遍忽略了物质空间"形式"及其演化"过程"，弱化了物质空间特征在历史分期中的作用与意义。在此背景下，对于城市空间本体研究成为分期研究的重要课题之一。

3.3.2　历史分期原则

城市空间发展历史分期的本质是区分城市空间特征及其在经济、社会、空间等方面的差异性，以便为相关研究提供基础，它既是认识历史的方法或手段，又是一种历史认识活动。因此，既要遵从城市空间自身的发展规律、影响要素和发展语境，又要契合城市研究从"表征"到"本质"的研究逻辑。基于相关研究启示，本书认为在历史分期原则中，首先将物质空间的显性时段纳入到历史分期要素之中，以遵从城市空间的物质要素与经济、社会等要素之间的关系，树立从"物质表征"到"内部属性"的研究逻辑和技术路径；其次，构建融合空间、制度、经济、社会要素为一体的分期标准体系，以契合城市空间发展的多元属性；最后，由于中国城市空间发展的特殊性，在分期研究中要顺应中国城市空间发展的宏观特征，兼顾中国强势政府文化的影响，以及城市在区域、经济、政治、军事等方面的特殊性。

3.3.3　历史分期标准

基于分期原则导向下，整合研究要素，提出集物质空间、制度变迁、经济发展、社会演进为一体的历史分期标准（表3-6）。在以物质空间发展"过程"特征为主线的基础上，审视其与制度、经济、社会要素之间的关联性，并将耦合的时间节点作为时间节点选取的标准。在研究路径中，物质空间是以空间单元和城市功能区演化为主线，梳理城市空间结构演化的显性阶段；制度变迁是围绕改革开放以来的市场化、分权化、城市化、全球化为脉络，从重要会议、法规、文件及重大事件的历史过程中梳理演化的显性阶段；经济—社会演进是围绕工业化、现代化的进程，通过城市化水平、城市人口、GDP及工业化水平（工业化率）等指标，梳理城市文明、生产方式、生活方式、价值体系等方面的显性阶段。这一分期标准避免了分期要素和视角的单一性，利于反映城市空间发展的复杂性和客观性。

本着研究的科学性，关于西安人口、经济等量化数据均来自《西安统计年鉴》（1993～2009年）、《西安历史统计资料汇编》（1949～1989年）和《西安市志》中相关数据；而西安城市空间演化是依据历年《西安城市土地利用现状图》绘制；制度演化的重大时间取自《中华人民共和国重大事件》及相关文件。

西安城市空间发展历史分期要素及测度 表3-6

要 素	内 容	测 度
空间发展	空间单元、功能区划的时空关系	土地利用、城市形态、拓展方向、发展方式
制度变迁	市场化、全球化、城市化、分权化	经济制度、土地制度、财政制度、户籍制度、住房制度、发展方针、历史资源
社会演进	城市化水平	城市化水平、意识形态、社会需求、人口增长
经济发展	产业结构、现代化、工业化	增长速度、产业结构、资本投资

3.3.4 要素演化时段

（1）空间拓展的时段

以土地利用变化和城市历年地图为依据，判识其在空间结构上的土地利用、城市格局、拓展方向、发展过程四个方面的演化时段。

①土地利用：从"稳定增长"到"波动增长"

西安城市建设用地面积的变化（图3-17）表明，2002年以前的西安对城市建设用地增长除个别年份（1992、1997年）之外，整体处于稳定增长阶段，年平均增长率约2.4%；自2002年以后出现明显的波动特征，增长率在-0.43%～19.91%之间波动，将改革开放以来西安城市建设用地变化划分为两个明显的时段。此外，土地类型发展也呈现明显的两个时段，其中1978～2002年间，居住用地稳定增长，工业用地增长幅度较小；2002年以后，工业用地和居住用地自2003年后有较大波动，居住用地急剧下降而工业用地急剧增长。

②城市格局：从"多组团"形态到"圈层式"

西安城市格局演化过程表明（图3-18），改革开放以来，以"组团"为单位的城市道路逐步连接成"网格"状，城市环线从"一环"演化为"二环"；同时，"组团"间的用地

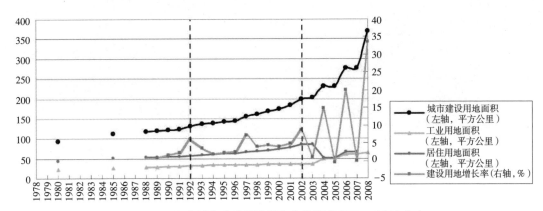

图3-17 西安城市建设用地历年变化图（1977～2008年）

（资料来源：根据《西安统计年鉴(2009)》相关人口统计数据绘制）

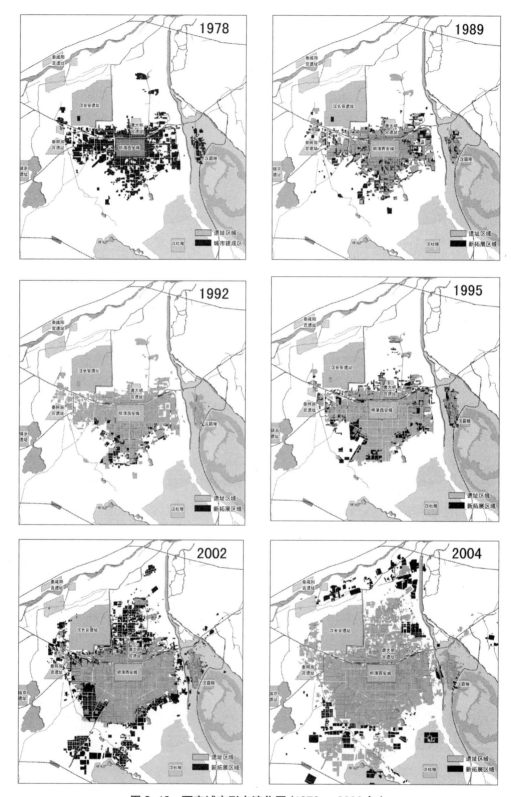

图 3-18　西安城市形态演化图（1978～2008年）

（资料来源：根据西安历年《西安现状图》绘制）

逐步被"填充",形成以明城区为中心的"圈层式"拓展特征。另外,在形态演化时段特征上,1978 年～20 世纪 90 年代西安城市形态并未出现明显的变化,而 20 世纪 90 年代以来,形态演化速度加剧,网格状的道路结构的"圈层式"的圈层化特征凸显。

③拓展方向:从"南"向拓展到"南—北"向拓展

改革开放以来的西安城市拓展方向历经两个过程:第一阶段是向"西南"和"东南"方向拓展,西边、南边、东边"组团"与明城区间的空地逐步被"填充",计划经济时期工业"组团"的空间边界逐步模糊;第二阶段是 1992 年以后,城市沿南北方向呈轴向拓展。其中城南以"西安高新技术开发区"为依托,与长安县、户县逐步连接为一体;而北边依托"西安技术经济开发区"向渭河拓展。因此,拓展方向整体历经从"南"向拓展到"南北"向拓展的历程。这一历程与"二环"形成、"西安高新技术开发区"建设、"西安技术经济开发区"建设等城市功能区的发展呈现同步特征。同时,西安城市拓展方向也受到了山水条件、历史资源的限制,因为在西安城市地理格局中,东郊接近灞河,西郊接近阿房宫遗址,西北角为汉长安遗址,在避让历史遗址和最低成本的开发导向下,界定了城市向西南、东南、城北拓展特征。

④拓展方式:从"内部填充"+"边缘飞地"到"边缘飞地"+"跳跃组团"

改革开放以来的城市形态、道路格局和空间拓展表明,1978～1990 年间西安城市空间扩展基本环绕明城墙向外拓展,到 20 世纪 90 年代基本完全填满"二环"以内空间,城市发展模式表现为"内部填充"式;而 21 世纪初以后,城市依托"二环"和南北轴向,城市边缘区城市拓展的主要区域,大量开发区兴起,"边缘飞地"和"跳跃组团"成为城市拓展的主要方式。

(2)制度变迁的时段

1978 年中共十一届三中全会确立了"以经济建设为中心"的国家发展战略,通过经济制度的市场化、分权化、全球化的"渐进式"改革,构建适宜市场配置的经济体制,促成经济要素和社会要素的市场化流通与扩散,进而引发了城市社会结构和经济结构的剧烈转型,体现为一种由于根本发展环境变化所导致的发展目标、发展模式的巨大变迁过程[62]。这种制度—经济—社会的整体转型,构成了改革开放以来中国城市空间结构演化的整体背景。

制度变迁涉及了经济、法律、政治等众多领域,也涵盖了经济体制、发展战略、治理理念变迁下的土地、户籍、住房、税收、城市规划、产业转型等相关制度的转变。以重大事件为依托,1978 年以来在国家层面重要制度变革的时间及内容节点为:1978 年明确了经济建设的国家目标,标志了经济建设的目标转型;1984 年确立了"城市主导"的经济发展模式,并通过户籍制度的调整,开启人口固化向市场化流动的社会结构转型;

1988年通过《土地管理法》明确土地有偿使用制度，开启了土地要素的市场化转型；1991年批准22个国家高新技术产业开发区，开启了城市发展的开发区建设模式；1992年在国家层面明确了"建立社会主义市场经济"的经济体制；1994年实行"分税制"，加速了政府的企业化转型；2000年实施"西部大开发"战略，开启从东南地区向西北地区延伸的区域发展战略；2001年接轨全球化加入"世贸组织"；2003年开启"城乡统筹"的科学发展观的治理理念和发展模式（表3-7）。

改革开放以来中国制度变迁的显性时段及简要内容(1978～2008年) 　　表3-7

类　型	时　段	特　征	主　要　制　度　内　容
经济体制[195]	1978～1992年	计划的商品经济	试点"经济特区"，实施"火炬计划"，确立土地有偿使用制度，开启开发区建设模式，实施"八六三"计划，修改《宪法》
	1992～2003年	社会主义市场经济	明确建立社会主义市场经济体制目标，实行分税制，放宽流动人口户口政策，住房分配货币化，"九七三计划"，两次修改《宪法》
	2003年至今	完善市场经济	—
发展战略[196]	1978～1984年	以乡村为主导	推行"包产到户"
	1984～2003年	以城市为主导	确立"城市主导"的发展战略，实施西部大开发，加入WTO
	2003年以来	趋向城乡统筹	—
治理理念[197]	1978～1993年	放权让利、增量改革与利益共赢	
	1993至今	重新集权、体制内改革与利益博弈	

（资料来源:根据文献[195]、[196]、[197]中相关内容绘制）

　　改革开放以来的制度转型体现为连续与渐进的社会经济转型（表3-7），其变迁的时段性表现如下。在经济体制变迁方面，历经了以1992年为时间节点的两个发展历程，其中1978～1992年确立了有计划的商品经济体制，是市场经济体制探索阶段和过渡阶段，是以一种非正式的制度调整，推进户籍、住房、税收等方面的制度改革。而1992～2003年确立了社会主义市场经济体制，其发展理念、发展战略、治理理念均发生了深刻变化：在发展理念上注重吸引外资与国内生产要素的多重结合，通过"正式"法律条文的颁布，进行户籍制度、住房制度、税收制度的市场化改革与调整，具体为1994年的"分税制"改革和1998年的住房商品化改革；在发展战略层面，以1984年为时间节点，经历了"乡村主导"和"城市主导"两个发展阶段[195-196]。在治理理念方面，以1993年为时间节点，经历了"增量改革"和"利益重构"两个阶段；其中在"增量改革"阶段，分别对农村和城市进行承包经营制度和企业生产自主权改革，赋予地方政府发展城市经济的自主权；在"利益重构"阶段重构了政府与企业、中央与地方关系，表现为企业在一定程度上获得了自主经营所需要的权力，地方政府也获得了推动地方经济发展的强大激励，企业、政府、市民形成的社会力被激活[197]。

在西安城市层面，其制度调整的时间节点与国家制度变迁同轨（表3-8），制度调整的核心是落实国家制度调整而制定实施细则，内容涉及经济体制、产业、税收、发展战略、户籍管理、城市规划等方面的制度。在此过程中，与西安城市空间发展相关的时间节点为：1984年批准西安为全国24个计划单列市之一，纳入经济体制改革的示范城市；1988年批准西安建立"西部新技术产业开发试验区"，开启了西安发展高新产业的试点，开启了产业结构重大转型序幕；1991年国务院批准西安建立国家级高新技术产业开发区，开启了城市扩展的新模式；1992年被批准为内陆开放城市，1993开始实施土地有偿使用制度，并在其后相继颁布了与土地、税收、企业改革、户籍相对接的制度调整，落实国家宏观层面的建立社会主义市场经济体制体系目标[172]。

改革开放以来西安制度变迁大事记(1978～2008年) 表3-8

年代	内 容	属性
1980	西安市政府颁布《西安市城镇集体所有制企业暂行规定》，放宽政策，促进集体经济发展	经济改革
1982	西安等24个城市定为全国首批历史文化名城	文化保护
1983	实行利改税制度	税收制度
	国务院批准《西安市1980-2000年城市总体规划》	城市规划
1984	制定《关于扩大企业自主权的若干规定》	经济改革
	全面实行第二步利税	税收制度
	国务院批准西安市为计划单列市	发展战略
1985	下放技术项目审批权，对技术进步项目实行经济承包责任制	经济改革
	《关于放宽乡镇企业管理政策的若干规定》	发展战略
1986	批准西安市对外经济贸易计划实行单列	发展战略
1987	实施《西安市经济体制综合改革试行方案》	经济改革
1988	批准在西安建立"西部新技术产业开发试验区"	经济改革
1990	颁发《流动人口计划生育管理暂行规定》	户籍管理
1991	被国务院批准为国家级高新技术产业开发区	发展战略
1992	市政府颁布《西安市股份制企业试点暂行规定》、《西安市股票发行与交易管理暂行办法》和《西安市证券市场管理暂行办法》	经济改革
	颁布实施《西安市城镇住房制度改革方案》，被批准为内陆开放城市	住房制度
1993	颁布施行《西安市全民所有制工业企业转换经营机制实施办法》	经济改革
	颁布施行《西安市城镇国有土地使用权出让和转让实施办法》	土地制度
1994	西安市规划建设管理委员会通过《西安市城市总体规划修编大纲（1995—2020年）》	城市规划
1995	推出《西安市外商投资项目审批办法》、《西安市鼓励企业利用外商投资进行技术改造办法》等5个鼓励外商投资的政策规定	经济改革

续表

年 代	内 容	属 性
1996	颁布实施《西安市股份合作制企业条例》	经济改革
2000	国务院批准西安经济技术开发区为国家级经济技术开发区	发展战略
	国务院批准西安市土地利用总体规划	城市规划
2001	《西安市暂住人口管理条例》正式实施	户籍管理

（资料来源:根据《西安市志(第一卷)》中第122～218页相关内容绘制）

国家及西安层面在经济体制、发展战略、治理理念的变迁时段渗透在土地制度、户籍制度、住房制度、税收等中，构成了西安城市空间发展特征、发展模式、发展目标导向的制度背景。以此为脉络，对1978～2003年期间的制度转型的主要内容及特征进行梳理和总结。

①户籍制度：从限制人口流动向市场化自由流动转化

户籍制度是中国控制城市人口的主要方式，通过户籍制度的变化可以折射城市人口发展的宏观特征。改革开放前采取城乡二元户籍制度，将人口划分为"农业人口"和"非农业人口"两类，在此基础上确立粮油供应、医疗保险、住房分配、劳动就业、教育等不同标准，严格控制城乡之间的人口流动。改革开放以来户籍制度围绕经济制度的转变经历了两个阶段：准市场经济下的户籍制度（1978～1994年）和市场经济下的户籍制度（1994年至今）[198-199]（表3-9）。其中1978～1994年间，户籍管理变迁的主要内容是初步放开城乡之间人口迁徙自由，在城市人口发展战略中提出控制大城市规模，合理发展中等城市，积极发展小城市，促进生产力与人口的合理布局①。1994年以来进入市场经济下的户籍转变阶段，首先以人口需求量大的区域内的户籍制度调整为主要对象，对小城镇、经济特区、经济开发区等的人口流动进行松动化管理，使人口流动与市场经济接轨，户籍管理逐渐从城乡"二元"户籍制度向城乡一体化转化。在此过程中，户籍制度重大调整的时间节点为三个[195-196]：1984年通过《关于农民进集镇落户问题的通知》，允许在集镇务工、经商的农民在自理口粮的情况下在城镇落户，并统计为"非农业人口"；1992年通过《关于实行当地有效城镇居民户口的通知》，户籍准入制度从城镇扩大到小城镇；2001年通过《关于推进小城镇户籍制度改革意见》，允许各地可按照具体情况推进本地户籍制度改革。

---

① 1978年国务院发布《关于加强城市建设工作的意见》，要求"控制大城市规模，合理发展中等城市，积极发展小城市"；1989年颁布的《中华人民共和国城市规划法》中明确"国家实行严格控制大城市规模，合理发展中等城市和小城市的方针"。

改革开放以来中国城市户籍制变迁时段及简要内容(1978~2008)　　　表3-9

宏观层面	中观层面	内容与意义	户籍管理的规章制度
准市场经济时期 （1978~1994年）	户籍制度改革的松动阶段 （1979~1992年）	初步放开城乡之间人口迁徙，公民开始拥有在非户籍所在地长期居住的合法权利	《关于农民进入集镇落户问题的通知》（1984年） 《中华人民共和国居民身份证条例》（1985年） 《关于城镇暂住人口管理的暂行规定》（1985年）
	国户籍制度改革的过渡阶段 （1992~1994年）	小城镇、经济特区、经济开发区、高新技术开发区实行城镇户籍管理，户口准入制度扩大到小城镇	《关于实施当地有效城镇居民户口制度的通知》（1992年）
市场经济时期 （1994~2008年）	户籍制度改革的起步期 （1994~2000年）	"二元"户籍转变为居住地和职业标准，放宽中小城市户籍限制	《小城镇户籍管理制度改革试点方案》（1997年）
	迁徙改革阶段(2001年至今)	户籍制度逐步向适应市场经济体制转型，2003年以后，城乡二元户籍制度向城乡一体化的自由迁移调整	《关于推进小城镇户籍管理制度改革意见》（2001年） 《公安部关于进一步改革户籍管理制度的意见（送审稿）》（2007年）

（资料来源:根据文献[195-196]中的相关内容梳理和汇总）

在国家层面的户籍制度调整下，西安为控制人口的机械增长率，在1977年以后，对人口由镇迁往市、小市迁往大市、一般农村迁往市郊进行适当限制，1979年起对"农转非"实行指标控制，1980年颁布《西安市城镇集体所有制企业暂行规定》，放宽政策，促进集体经济发展。之后，在国家总体战略的影响下，1987年发布了《关于严格控制成建制单位迁入本市有关问题的通知》和《西安市控制市区城市人口机械增长暂行办法》，1990年颁发《流动人口计划生育管理暂行规定》调整人口规模与生产力结构布局，控制外来人口的大量涌入，使人口增长处于适度放松与控制的发展当中。

改革开放以来的户籍制度变迁表明，人口流动和放松人口流动条件是户籍管理制度变迁的主线，成为重构城市社会人口结构的主要动力。同时，户籍管理的松动化促进了城乡要素的互动，具有明显的"以城市为主体"的城市偏向特征。1978年以来中国城市人口发展整理经历了"两大段"（以1994年为节点）、"四小段"（以1992、1994和2001年为时间节点）。

②土地制度：从无偿使用到"两权分离"下的有偿使用转化

广义的土地制度是指包括一切土地问题的制度，是人们在一定社会经济条件下，因土地的归属和利用而产生的所有土地关系的总称，包括土地所有制度、土地使用制度、土地规划制度、土地管理制度等[200]。在计划经济时期，城市土地由国家（中央或地方政府）统一分配、划拨、处置，这种永久、无偿使用对城市空间结构的优化存在阻碍作用，非市场化的划拨用地与市场化的出让用地因"竞合"关系而导致城市土地利用呈现出破碎化特征，造成土地资源浪费和低效率问题。

改革开放以来土地制度向有偿、有限期的市场化转化（表3-10），最终构建了土地有偿使用的制度体系。这一过程经历了几个重要的时间节点：首先通过1982年《宪法》修改，首次将城市土地以最高法的形式确认为国家所有，完成了城市土地的国有化；其次，进行"两权分离"试点及建立，在1987年在深圳试点"两权分离"的基础上，通过1988年《宪法》和《土地管理法》的调整，明确"两权分离"城市土地使用制度；1990年颁布的《城镇国有土地使用权出让和转让暂行条例》和1994年实施《城市房地产管理法》构建了国家层面整体的城市土地有偿使用体系[200]。西安城市土地有偿使用制度于1993年开始执行，晚于东南沿海城市。

改革开放以来中国土地制度变迁表(1978～2008年)　　　　表3-10

时间	国家层面主要措施	基本特征
1982年	《宪法》确认城市土地的国有制	未明确所有权有关的财产产权
1987年	深圳试点"两权分离"的出让制度	揭开了城市国有土地有偿出让的序幕
1988年	将"土地的使用权可以依照法律的规定转让"等载入《宪法》，并修改《土地管理法》	明确土地有偿使用
1990年	颁布《城镇国有土地使用权出让和转让暂行条例》	实行土地使用权出让、转让制度的有法可依，使土地使用制度改革在全国推开
1994年	实施《城市房地产管理法》	规范土地使用权出让、划拨、抵押和出租行为，为建立制度化、规范化的城市土地市场奠定了基础

（资料来源：参考陈鹏.中国土地制度下的城市空间演变[M].北京：中国建筑工业出版社，2009:59-60）

改革开放以来土地有偿使用的制度转变，完成了土地资源的商品化转型，改变了计划经济时期的配置方式，土地的经济属性和社会属性开始体现其市场法则，成为诱发城市空间社会结构、经济结构、物质结构变化的成因之一。

③财政制度：从"包干式"向"分权式"转化

计划经济时期的财政管理制度虽历经多次变革，但整体上属于高度集中、统收统支的财政管理模式。财政管理主要针对国家与国有企业、中央与地方的收支及分配关系而展开，具有明显的计划经济的特征[201]。改革开放以来的财政管理制度进行了一种放权让利转化，表现为从包干制向分权式财政管理体制转变。在时段上整体经历了两个阶段：第一阶段是包干制下的"利改税"制度改革（1978～1994年），1980年进行的"划分收支，分级包干"体制改革，到1985年"划分税种、核定收支，分级包干"体制，再到1988年后"多种形式地方包干"体制，结合1983年、1985年的两步"利改税"和多税种配合发挥作用的复合税制的形成以及财会制度的不断规范，使我国的财政收入逐步从按行政隶属关系划分向按税种划分转变[201];第二阶段是分税制改革（1994～2006年），在合理划分各级政府事权范围的基础上，按税收来划分各级政府的预算收入，各级之间和地区间的差别通过转移支付制度进行调节[201]，其本质是以一种"放权让利"的财务制度，打破了传统体制下高度集中的分配格局，重构了中央政府与地方政府关系，促成多元化市场主体和市场化价格的形成。

④住房制度：从福利式向商品化转化

在计划经济时期，城市住房实行"国家福利制"，由国家和单位承担建设资金，住房属于生活型设施。改革开放后，住房制度整体上从"福利式"向"商品化"转型。其中，投资主体从国家和单位主导逐步向单位—个人—国家共同集资转化，认知观从消费型向生产型转化，在分配方式上从实物分配向货币分配转化，居住空间特征上从单位制的均质型向零碎化转变。在此过程中，与住房有关的制度演化历经了两个时段：探索试点阶段（1978～1988年）和深化阶段（1988年以后）。其中，在探索试点阶段中，首先，1982年确立了投资主体的"三三制"住房建设方案，确立了国家—单位—个人的投资主体；其次，在1985年进行住房租金制度研究和设计；1994年明确了住房商品化，从根本上改变了土地资源的空间配置方式。1998年至今，实行住房货币化制度，建立住房保障制度[202]（表3-11）。

改革开放以来中国住房制度变迁表(1978～2008年)　　　　　　表3-11

时间	文件名称	作用及意义
1988年	《关于在全国城镇分批推行住宅制度改革实施方案》	提出多种方式调整低租金、出售公有住房、集资建房等改革措施
1991年	《关于继续积极稳妥推进城镇住房制度改革的通知》	提出分步提租、出售公房、新房新制度、集资合作建房等多种形式推进房改的思路
1994年	《国务院关于深化城镇住房制度改革的决定》	实行住宅商品化、社会化，并提出出售公有住房，住房制度改革在全国范围内逐步推行
1998年	《关于进一步深化城镇住房制度改革加快住房建设的通知》	实行住房分配货币化

（资料来源：参考王明浩，肖翊. 对城市住宅若干问题的剖析[J]. 城市发展研究，2010(9):8-13. ）

⑤城市发展方针：从规模控制向提升区域辐射作用转化

在计划经济时期，中国没有明确城市发展方针。改革开放以来，城市作为经济发展的主体被纳入到发展战略当中，整体上对大城市的发展采取了从严格控制到发挥区域辐射作用的转变（表3-12）。西安作为大城市之一，在1978～2000年间处于城市规模控制时期，1990年以后被纳入国际三个大都市（北京、上海和西安）之一，而2000年以来属于规模扩大下的区域中心作用提升时期。

改革开放以来中国城市发展方针变迁表(1978～2008年)　　　表3-12

时间	文件名称	作用及意义
1978 年	《关于加强城市建设工作的意见》	"控制大城市规模，多搞小城镇"，控制市区的人口和用地
1984 年	《中华人民共和国城市规划法》	"控制大城市规模，合理发展中等城市，积极发展小城市"
1990 年	《中华人民共和国城市规划法》	"严格控制大城市规模，合理发展中等城市和小城市"
2001 年	《我国国民经济和社会发展第十个五年计划纲要》	有重点地发展小城镇，积极发展中小城市，完善区域性中心城市功能，发挥大城市的辐射带动作用，引导城镇密集区有序发展

（资料来源：根据《新时期我国城市发展方针的沿革》(中国建设报，2003-1-23)绘制。http://www.chinajsb.cn/gb/content/2003-01/27/content_14185.htm）

⑥历史资源管理：持续古都风貌控制

由于特殊的历史背景和区域条件，城区内分布众多历史建筑、遗址文化活动区等历史资源，成为西安区别于其他城市的主要特征之一。如何利用和管理城市内部的历史资源成为改革开放以来西安城市管理的重点内容之一，也成为影响城市空间发展方向、目标定位、空间结构的重要内容之一。通过对西安历史资源管理相关制度的梳理，在1978～2003年间，西安对历史资源的管理渗透在历次的城市总体规划、建设管理、保护条例中，并通过对明城区、大遗址区周边的协调范围、建筑高度、色彩等控制（表3-13），影响了西安内部城市发展方向、人口密度、建筑密度分布等空间格局，成为西安城市空间发展的一个重要背景。

改革开放以来西安城市保护历程表(1978～2008年)　　　表3-13

时间	文件名称	作用及意义
1983 年	《城市总体规划（1980—2000）》	我国历史文化名城之一
1986 年	《市区建筑高度控制要求规定》	钟楼至南北东西城楼的通视走廊为50米，建筑高度不超过12米，走廊两侧30米内不超过22米
1987 年	《西安市城市规划建设管理办法》	规范城市建设管理
1992 年	《城市总体规划（1995—2020）》	"世界闻名的历史名城"
2002 年	《西安市历史文化名城保护条例》	调整古城临近范围内建筑高度控制指标

（资料来源:根据《西安与我8:城建纪事》相关内容绘制）

（3）社会演进的时段

城市人口的变化关联着城市经济和城市的物质空间，是城市社会结构演化的要素。在计划经济时期，城乡之间因严格的"二元"户籍制度而隔离，人口被固化在城市和乡村，城市社会结构体现为单位制下的同质性和单一性特征。改革开放以来，伴随经济体制的市场化转型及相关制度的调整，人口从限制流动向自由流动转化，促进城市化进程的同时，促使了城市社会结构从单一、同质性向多元化、阶层化演化。因此，人口变化受制于户籍制度、城市发展方针等制度的影响。以户籍管理演化的时段和城市化水平、人口增长率、非农人口增加值等宏观测度为要素，对改革开放以来的西安城市人口演化的研究表明，历年人口总数、城区人口、非农人口、城市化水平和人口密度上整体呈持续增长趋势（图3-19、图3-20），整体呈现两个时段特征。

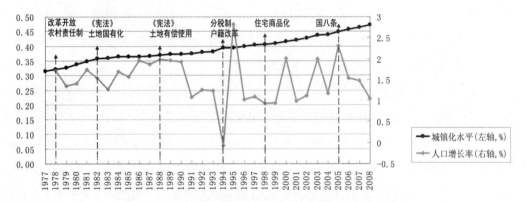

图 3-19 西安城市化水平历年变化图（1978 ~ 2008 年）

（资料来源：根据《西安统计年鉴》(2009 年) 相关人口统计数据绘制）

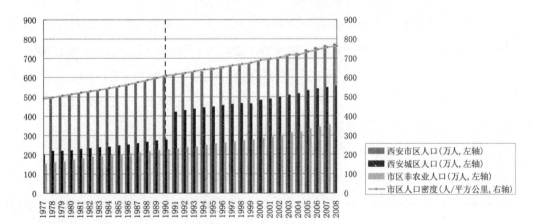

注：1992 年临潼和长安县城人口划入西安城区人口。

图 3-20 西安城市人口历年变化图（1978 ~ 2008 年）

（资料来源：根据《西安统计年鉴》(2009 年) 相关人口统计数据绘制）

①稳定增长阶段（1978 ~ 1990 年）

改革开放初期，伴随"三线"企业回迁和"三下乡"的知青开启返城潮，以及城乡人口流动的户籍管理改革，西安城市人口的机械比例突破性增长。但同时，受城市生活性设施的限制，以及计划生育政策和城市发展方针的制约，控制人口急速增长成为西安城市人口管理的一项基本方针。西安自 1987 年起对成建制单位迁入西安市实行严格控制，并相继颁发了相关规定。

在此背景下，1978～1990年间西安的人口变化呈现稳定增长的特征，其在城市化水平、人口增长率、非农人口增加值等宏观测度上的特征体现为：

城镇化水平变化稳定，从1978年的32.12%上升到1990年的37.28%。其中，1978～1984年间属于快速增长期，非农人口增长线变化呈抛物线，最大差值为4.10亿人，出现在1982-1984年之间。人口数量由1978年的404.82万，上升至1984年的511.56万人，平均年增长6.62万人。1984～1990年间的增长速度在0.002%～1.03%之间总体变慢，非农人口呈折线变化，涨落频繁。

人口结构方面，进城务工农民已成为城市劳动力结构的重要部分，形成规模庞大的流动人口群。根据第四次人口普查资料计算，1990年西安市流入人口为流出人口的16.21倍。其中，户口在外县、市而常住西安一年以上的人数占流动人口的75.14%。此外，在人口构成中，适龄工作人口持续增长，但新进入劳动年龄人口的比重逐步下降，由1982年的2.13%下降到1990年的1.71%，而退出劳动年龄人口的比重由1982年的0.7%上升到1990年的0.83% [172]。在从业结构中，从1987年开始第一产业和第三产业的从业者数量趋向上升，而第二产业从业者趋向下降。

人口空间分布方面，新城、碑林、莲湖成为城区人口最密集的区域，1984年三区人口密度达16600人/平方公里，其中新城区为17200人/平方公里，莲湖区为15900人/每平方公里，灞桥区、未央区、雁塔区人口分别为36.60万、29.72万、30.44万。。雁塔区农业人口、高校及事业企业单位集中，构成混合人口密度增大。人口密度的差异性与地理位置、自然环境、经济及社会背景等条件相关。

②波动增长阶段（1990年以后）

1990年以来，人口呈现明显的波动特征，其在人口演化的主要特征为：

人口数量波动方面，在1990～2008年间出现了4个峰值（1995年的2.85%，2000年的2%，2003年的1.99%，2005年的2.31%）和6个低值（依次是1991年的1.08%，1994年的-0.07%，1996年的1.03%，2001年的0.99%，2004年的1.18%，2006年的1.53%）。人口增长率在-0.07%～2.82%之间变化，增量最小差值0.04%，最大差值是2.89%，波动较大。与人口增长率的比值趋同，非农人口增长值也呈现波动特征，涨落频繁，最大差值出现在2004～2005年之间的9.01亿人（见图3-20、图3-21）。

人口结构方面，第二产业的从业者在1990～2002年间逐年下降，而在2002年以后又趋向上涨。同时，第一产业和第三产业从业人口在2002年的比例均为36%，因此2002年在人口变化的一个时间节点。此外，第三产业的从业者整体趋向上升，从1990年的25.27%上涨到2002年的36%，构成了从业者的主体人群。

人口空间分布方面，新城区、碑林区、莲湖区依然是人口最密集的区域，未央区的人口密度增加速度加快，人口高密度区域逐步向南北扩展。中心城区的人口增长速度减慢[203]。

在社会结构上，伴随1990年以来的经济的市场化和分权化改革，个人、市场、地方政府、中央政府等主体形态发育，利益分异逐步凸显。

人口变化的特征表明，人口增长历经了从平稳增长到波动增长的历程；流动人口成为一支重要的社会群体参与到城市生产中，促进了从业结构的变化；第三产业从业人数逐步占据最高比例。在时间节点上，1984年、1990年、2002年成为不同人口测度的节点，这些节点与制度调整的重大事件的时间节点基本吻合。

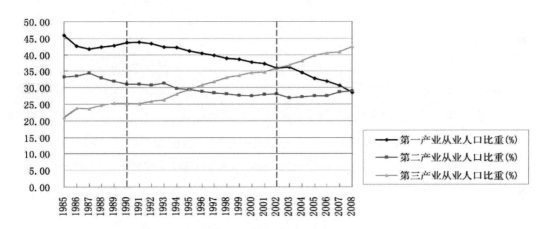

图 3-21　西安三产从业人口历年变化图（1978～2008年）

（资料来源：根据《西安统计年鉴》(2009年)相关人口统计数据绘制）

（4）经济发展的时段

改革开放以来中国工业化的基本特征体现为：首先，以对外开放的市场化改革为基础，起步于人均国民收入较低国民经济背景下；其次，以促进经济发展和人民富裕为目标；同时，在发展策略中提出以农业和轻重工业均衡发展、多种经济成分共同发展、积极利用外资和国内外两个市场、梯度发展的区域经济政策的基本原则。在此宏观背景下，西安城市经济演化的主要特征为：

①增长速度：从"初步工业化"到"工业化中期"

以GDP为测度（图3-22），1978以来西安GDP持续上涨，1993年的增长率达到历史最高的39.25%，将西安的经济增长速度划分为两个显性阶段。其中，1978～1993年间经济增长率起伏较大，人均GDP从1978年的513元增长到1993年的3661元，年平均增长197元；GDP增长率在－7.87%~39.25%之间波动变化；而1993年以来，GDP呈现急速上涨趋势，人均GDP在1999年突破1000美元（8599元人民币），2008年突破3000美元（27794元人民币），年平均增长率为16%左右[204]，增长率呈稳定增长特征。以人均GDP与工业化阶段的标准判识，1999年以后西安进入工业化起飞阶段，2008年进入工业化中期。这与1992年以来国家层面的加速市场化改革的制度演化相吻合，表明了"分税制"改革、住宅商品化、人口自由流动制度调整与城市经济增长之间的正向关系。

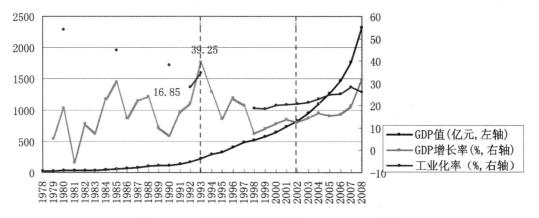

图3-22 西安经济增长变化图（1978~2008年）

（资料来源：根据《西安统计年鉴》（2009年）相关人口统计数据绘制）

②产业结构：从"二、三、一"转变为"三、二、一"

产业结构的演进是产业不断高级化的过程。1979年以来国家开始重点发展投资少、周期短、见效快的轻纺工业，压缩社会的基本建设、机械工业和重工业。在此背景下，西安一方面于1983年开始积极发展县办工业和乡镇企业，改变单一的公有制经济结构，并对老工业区进行自负盈亏的市场化改革；另一方面提出发展第三产业的结构调整目标，并鼓励横向经济联合，在1985年出现一批企业和高校、科研单位联合或企业和企业联合。在产业结构调整的目标导向下，西安产业结构经历了重大转型，主要表现为三产比重变化、所有制结构变化、工业结构演化等方面，并呈现不同的时段历程。

以三产比例为测度，1978年以来的西安产业结构演化整体呈现三个显性时段（图3-23）。1978~1990年期间，第一、二产业所占比重除个别年份波动外，均逐年有所缩小，而第三产业比重大幅度上升。1990年产业结构从1978年的"二、三、一"格局转变为"三、二、一"格局。在此过程中，第三产业的产值从1978年的5.93亿元增长到1990年的52.42亿元，年均增长3.77亿元，在产业比重中以每年1%~5%的速度高速增长，流通部门和生产、生活服务成为主要行业。而第二产业产值虽然逐年上涨，但产业比重逐年下降，其中工业降至 89.68%，建筑业升至 10.32%。工业产业构成中，轻工业降至 44.5%，重工业上升至 55.5%。1990 ~ 1994 年期间，三产结构在 1993 年产生了一个波动，三产比重从 1990 年的"三、二、一"格局转变为 1993 年的"二、三、一"，而在 1994 年又回到了"三、二、一"格局。在 1994 年以后，三产维持了"三、二、一"格局，经济发展步入良性循环轨道。

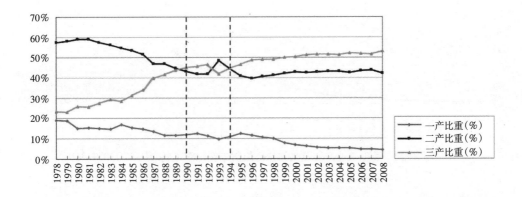

图 3-23　西安产业结构及其比重历年变化图（1978 ~ 2008 年）

（资料来源：根据《西安统计年鉴》（2009）相关人口统计数据绘制）

以工业发展为主线，工业总产值从 1978 年的 48.33 亿元增加到 2002 年的 1048.96 亿元，平均年增长 40 亿元。除 1980 ~ 1984 年之外，重工业产值比重高于轻工业。轻工业在 1998 ~ 2002 年间的产值比例接近重工业，但自 2002 年以后，重工业与轻工业的比值呈逐年加大（图 3-24），并出现自 1978 年以来的最大比值，表明重工业在西安工业结构中一直处于主导地位。

在所有制结构历程中显现三个阶段（见图 3-24 ~ 图 3-26），其中在 1978 ~ 1995 年间，所有制结构比重呈现"国有经济—集体经济—其他经济"的格局。但在此年间"国有经济"的比值逐年下降，"集体经济"逐年上涨，"其他经济"在 1990 年以后开始出现明显上涨。在 1995 ~ 2002 年间，三种类型的经济比重呈现明显的波动，"集体经济"在 1995 和 1999 年超过了"国有经济"的比重，"其他类型经济"剧烈增长。非公有制经济比重由 1997 年的 28.1% 提高到 2002 年的 37.3%，经济格局演化为"国有经济—其他经济—集体经济"，并呈现稳定特征。

改革开放以来西安产业结构整体历经了从"二、三、一"序列关系向"三、二、一"的转化，所有制结构历经了从"国有经济—集体经济—其他经济"向"国有经济—其他经济—集体经济"格局的转化。同时，非公有制经济成分大幅度提升，推动了城市经济的快速增长，影响城市空间的生产过程。私营和外资企业以市场为导向的空间选择行为，加快了城市空间结构的市场重组进程[18]。在时段上，20世纪90年代至21世纪初是西安城市经济结构转型的关键时期，这与市场经济体制及其相关制度转型时段相关联。

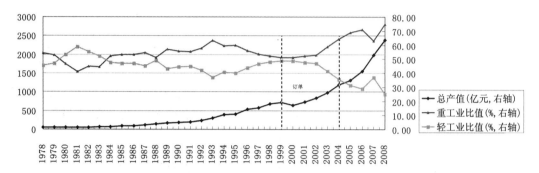

图 3-24　西安工业产值及其结构比值历年变化图（1978～2008 年）

（资料来源：根据《西安统计年鉴》（2009 年）相关人口统计数据绘制）

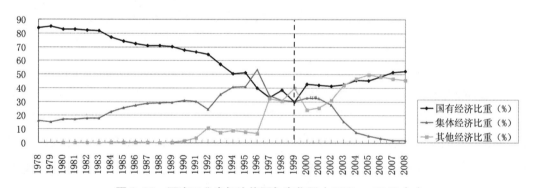

图 3-25　西安工业产权比值历年变化图（1978～2008 年）

（资料来源：根据《西安统计年鉴》（2009 年）相关人口统计数据绘制）

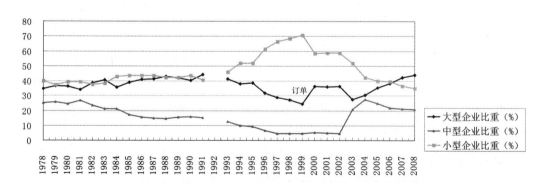

图 3-26　西安企业规模经济比重历年变化图（1978～2008 年）

资料来源：根据《西安统计年鉴》（2009 年）相关人口统计数据绘制

③资本投入与来源：从"基本建设"主导到"房地产"主导

除经济增长速度和产业结构调整之外，资本投入的变化与城市空间结构的演化具有紧密联系。其中，固定资产投资是反映投资规模、速度、比例关系和使用方向的综合性指标，资本来源则是经济范畴中反应不同能动主体关系变迁的重要内容。

分析西安市固定资产投资的增长历程表明，除1989～1991年出现逐年下降之外，其他年份都逐年递增，尤其自1992年以后投资资金明显加大，2002年以后剧增，由此呈现三个显性时段。其中1978～1992年间，投资总额从1978年的3.3亿元增加到1992年的32.9亿元，年平均增加2.0亿元，但部分年份出现下降现象，在时段特征上属于投资波动阶段；1992～2002年间投资总额从1992年的32.9亿元增加到2002年的307.2亿元，平均年增加24.9亿元，是1978～1992年间的10倍，进入快速稳定增长阶段；2002年以后投资总额年增加50亿～100亿元之间，进入急剧增长阶段。

固定资产投资构成表明，基本建设、更新改造是1978～1990年间的主要内容，而在1990年以后，商品房屋逐步成为其主要类型之一。固定资产投资历程表明，基本建设、更新改造的投资比例呈逐年下降特征，从1978年的98%下降到2002年的69%，2004年为66%。其中基本建设投资比重自2000年以后有所上升（图3-27），2000年以后投资比例从下降转为上升；而商品房投资比重逐年上升，从1990年的3.9%上升到2002年的25.8%，2004年上升为27.7%。在时段上，1995年以后增长速度加快，并自2007年开始高于更新改造的投资比重，逐步成为西安城市投资主体之一。

受统计资料的限制，关于资本来源统计只限定在1993年以后，通过1993～2010年资本来源统计的统计分析表明（图3-28），国内贷款、自筹资金和其他资金成为资金的主要来源。其中，自筹资金从1993年的34.3%增长到2002年的49.71%，直至2010年达到

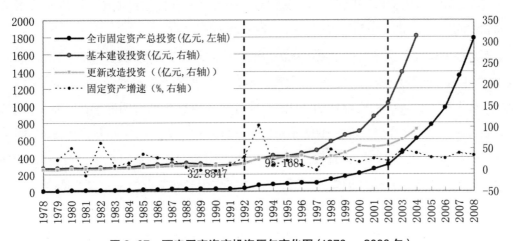

图3-27　西安固定资产投资历年变化图（1978～2008年）

（资料来源：根据《西安统计年鉴》(1993～2009年)、《西安历史统计资料汇编》(1949～1989年)相关数据绘制）

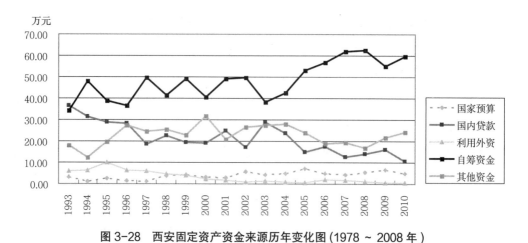

图 3-28　西安固定资产资金来源历年变化图（1978 ~ 2008 年 ）

（资料来源：根据《西安统计年鉴》(1993 ~ 2009 年) 相关数据绘制）

59.75%，表明企业逐步成为最重要的投资主体；国内贷款与其他资金比重占据第二、第三，但利用外资和国家预算占据比重较低。

资金来源的构成表明，国家、企业、社会成为西安市场经济时期最核心的投资主体，改变了计划经济时期以国家为主的投资结构，国家—企业—社会之间的能动关系逐步形成。此外，西安作为内陆型城市，在投资构成中与沿海城市中外资比重较高的特征不同，外资比重较低，对外资的依赖较小。

3.3.5　分期节点判识

西安城市空间发展的时段表明（表 3-14），除制度变迁外，西安城市空间发展整体呈现两个阶段。第一个节点出现在 20 世纪 90 年代（1990 年、1993 年、1992 年），第二节点出现在 2002 ~ 2003 年之间。同时表明，1984 年虽然在制度变迁方面成为节点，但在经济、社会和空间发展方面并未呈现同轨特征，不宜作为时间节点。

本着要素时间节点耦合的原则，认为 1992 年和 2002 年作为时间节点较合理。其中，以 1992 年为时间节点的理由是：物质形态方面，1992 西安开始修建城市二环路，开启了从"一环"向"二环"的交通格局转化；制度方面，1992 年西安明确了社会主义市场经济体制目标；经济—社会方面，1992 年西安被国务院批准为内陆对外开放性城市；同年，西安高新技术开发区首期工程封顶，西安经济技术开发区规划通过批复，在城市发展模式中开启了开发区主导的发展模式。而以 2002 年作为时间节点的主要理由是：物质形态方面，2002 年底西安城市"二环"竣工，开启向"三环"的形态发展阶段，"单中心"结构向"多中心"结构演化；制度方面，2002 年以后中国进入了社会主义市场经济完善阶段；经济—社会方面，2002 年以来西安城市发展进入城乡统筹阶段，城市发展趋向区域化。

西安城市空间发展的显性时段（1978年～21世纪初）　　　　表3-14

要素类型		时间节点	内　容
空间发展	城市形态	20世纪90年代、2002年	"多组团"向"圈层式"转化
	拓展方向		从"南"向"南北"
	发展方式		从"内部填充"向"边缘飞地"
制度变迁		1984年、1992年、2003年	1978～1984年：以农村改革为推力的发展阶段； 1984～1992年：以城市改革为推力的发展阶段； 1992～2003年：市场化改革加速阶段； 2003年以后：城乡统筹阶段
社会演进		1990年、2002年	1978～1990年：科学化思潮，经济建设为中心，"双轨制"， 人口稳定增长； 1990～2002年：市场经济，分权化，人口波动增长
经济发展	增长速度	1993年	1978～1993年：稳定增长； 1993年以后：波动急速增长
	产业结构	1990年	从"二、三、一"转变为"三、二、一"
	资本投入	1992年、2002年	1978～1992年：投资波动阶段； 1992～2002年：快速稳定增长阶段； 2002年以后：急剧增长阶段

（资料来源：根据本书3.3.4节的研究结论绘制）

3.4　改革开放以来西安城市空间结构演进脉络

在时间节点判识的基础上，改革开放以来至21世纪初，西安城市空间结构演化呈现两个阶段（见表3-15）。

西安城市空间发展阶段及显性特征（1978～2002年）　　　　表3-15

		阶段一：1978～1992年	阶段二：1992～2002年
空间发展	城市形态	"多组团"向"圈层式"转化	趋向非均衡的同心圆"圈层式"
	拓展方向	沿陇海线以南城东西南、东南区域	南向和北向拓展，避让历史遗址区
	发展方式	"内部填充"、"边缘飞地"	"边缘飞地"、"跳跃组团"
制度变迁	经济制度	计划和商品"双轨制"	社会主义"市场经济"、"利益重构"
	土地制度	有偿使用探索期	"两权分离"、商品化转型
	财政制度	"利改税"	"分税制"
	户籍制度	松动化的限制人口增长	市场化适度流动
	住房制度	"三三制"	住宅商品化、社会化
	发展方针	"严格控制大城市规模"	"发挥大城市的辐射带动作用"
社会演进	意识形态	科学化思潮、经济建设为中心	市场经济、增长主义
	社会需求	经济发展、释放活力	高速增长、接轨国际
	生产分配	"双轨制"、乡镇经济	分权化、自上而下的激励体制
	人口增长	人口稳定增长	人口波动增长

		阶段一：1978～1992年	阶段二：1992～2002年
经济发展	增长速度	增长率波动大（−7.87%～39.25%）	GDP年平均增长率16%，工业化中期
	产业结构	"二、三、一"转为"三、二、一"	稳定的"三、二、一"结构
	资本投入	基本建设、更新改造主导	房地产主导

（资料来源：根据本书3.3.4节的研究结论绘制）

3.4.1 阶段一演化脉络（1978～1992年）

第一阶段为1978～1992年之间，城市空间拓展主要集中于陇海线以南的西南和东南角，"内部填充"和"边缘飞地"构成了主要拓展方式；制度在维持公有制的主体地位的前提下对住房、户籍、土地、财政等方面的市场化初步改革，是市场经济体制的过渡时期；在社会层面，科学化逐步占据主导意识，在此背景下，重视空间规划的合理性以提高空间价值，同时城市化稳定增长；在经济层面，产业结构从"二、三、一"转为"三、二、一"，构成了经济结构变化的主要内容。

3.4.2 阶段二演化脉络（1992～2002年）

第二阶段为1992～2002年之间，城市的拓展避让了重要历史遗址的空间区位，拓展区域主要集中于城市南向和北向，呈现轴向拓展特征；"边缘飞地"和"跳跃组团"构成了主要的拓展方式；同时，城市二环的形成凸显了"圈层式"的空间格局；开发区建设成为主导建设模式；在制度层面，通过土地有偿制度的全面实施、住房制度的全面市场化改革、产权制度的分税制改革，确立了社会主义市场经济体制；在社会层面，城市化稳定增长，第三产业从业人口比值占据主导地位；在经济层面，稳固了产业结构的"三、二、一"的格局，国有企业比重逐步下降，其他类型的经济比值不断升高。

3.5 本章小结

本章研究内容包括三部分：首先，以1978年前西安城市空间发展基础为主线，阐明西安城市空间发展地理条件和史背景；其次，将研究时段（1978～2002年）纳入到经济—社会的宏观背景中，从制度、社会、经济、空间拓展四个方面梳理西安城市空间结构演进的整体脉络，理清研究时段（1978～2002年）在西安当代城市空间演进中的角色，佐证时段选取的科学性，并为解析西安城市空间结构特征提供阶段脉络；最后，通过分期要素演化特征的耦合节点，确定将研究时段（1978～2002年）划分为两个阶段。通过相关研究，本章主要结论如下：

第一，西安城市空间的基础表明，西安立足中国地理区位的中部，其城市空间发展的地理条件主要体现为："内制外拓"的区域交通优势，"两脉、一水、多塬"和"秦岭—八水"的地理格局；它们与3100余年的城市建设历史关联，与周边区域所形成的经济关系、文化关系、社会关系赋予了西安在区域范围内的政治、经济、军事、社会中的中心地位；同时，城市临近区域内的历史遗址赋予其城市形制、文化内涵、空间秩序的丰富内涵，是西安城市空间特殊性的空间资源。

在空间基础方面，1978年西安空间特征在宏观层面的特征体现为：在功能区位方面，主要分布在陇海线的南侧，工业区形成独立组团，并与明城区保持4～13公里的空间距离；功能比例方面，工业用地占据主导地位，居住及公共功能缺乏，工业类型以"大出大进"型的重工业为主，产权以全民所有制为企业类型主导；在空间关系方面，各工业区之间的交通可达性弱，空间隔离明显，"单位"构成了城市空间和社会结构的基本单元；在空间强度方面，建筑高度以1～2层为主，密度在20%～25%之间，呈内高外低的空间强度和低密度形态布局。

第二，1978～2002年间是西安城市经济结构、社会结构、空间结构的重大转型期。首先，制度变迁体现为户籍制度从限制人口流动向市场化自由流动转化；土地制度从无偿使用到"两权分离"下的有偿使用转变；财政制度从包干向分权化转变；住房制度从福利分房向商品化转变；城市发展方针从规模控制向提升区域辐射作用转化；历史资源管理体现为持续古都风貌控制。其次，人口从稳定增长到波动增长的转变，思想意识从"阶级斗争"向"科学化"转变；同时，发展速度从"波动增长"向"急速"增长过渡；产业结构从"二、三、一"格局向"三、二、一"格局演化；所有制结构比例从"国有经济—集体经济—其他经济"向"国有经济—其他经济—集体经济"转变，非公有经济逐步成为经济基础性力量；城市固定资产投入比重逐步转向房地产；最后，城市空间发展方面，城市形态从"T"形向"圈层式"转变；空间区位从陇海线南侧向南北两侧拓展；道路从"一环"拓展为"二环"；拓展模式从"内部填充"向"边缘新区"转化。

第三，基于新中国成立以来西安制度—经济—社会演化的整体特征分析（表3-16），1978～2002年成为城市转型的过渡时期，承担从"工业—城市"向"城乡共生"的转型过程，历经了计划与市场两种经济属性下的经济结构演化、社会结构演化、空间结构演化过程。因此，阶段目标、演化机制、空间特征的差异性成为解析西安城市空间结构演化的主要脉络。

第四，历史分期研究表明，改革开放至21世纪初西安城市空间结构演进历经了两个时段。其经济—社会演进的宏观背景为：第一阶段（1978～1992年）是市场经济探索阶段，经济—社会稳定增长，城市空间拓展缓慢，"内部填充"和"边缘扩展"构成了主要拓展方式；第二阶段（1992 ~ 2002 年）是市场经济确立时期，市场化、分权化的制度推动下，西安经济进入急速发展时期，社会转型加剧，开发区及新区建设成为城市空间拓展的主要动力。

4 1978 ～ 1992 年西安城市空间结构演变分析与特征判识

1978 ～ 1992 年间是中国计划经济向市场经济体制转型的过渡时期,城市在发展条件、目标诉求、制度设计等方面发生重大转折。在此语境下,城市空间的功能结构、产业结构、社会结构必然呈现与计划经济时期不同的结构特征,这是城市空间为适应新的发展条件而进行的调适过程,蕴含了经济体制过渡时期城市生长的路径与经验。在西安层面,城市文物古迹虽在计划经济时期遭受了大范围破坏,但新建设的工业区与文教区避让了历史遗址,城市的历史格局、文化轴线得到保留。此外,西安在计划经济时期参与"三线建设",确立了"生产性"的城市性质和"一城、多组团"的整体结构,这些特殊性的历史背景促使了西安城市空间结构演化的特殊性。

本章在分期研究基础上,以 1978 ～ 1992 年为研究时段,以"发展背景"—"过程分析"—"特征识别"为路径,分"空间格局"和"功能类型"两个层面分析城市空间结构的演化过程,通过类型叠加判识本阶段西安城市空间结构演进过程、路径等特征,为总结改革开放以来西安市空间结构演化规律提供基础。

4.1 城市"经济—社会"背景

城市空间演化过程受制于意识形态、目标诉求、价值体系、制度设计、结构布局、规划引导等"经济—社会"背景的影响,开展城市空间的发展历程,包含了城市空间发展的阶段性目标与机制,是阐明城市空间演化特征的依据,也是评判空间发展经验与问题的重要依据。依托第二章中对我国和西安的制度、经济、社会、空间演化的宏观背景,1978 ～ 1992 年西安城市经济—社会发展脉络主要体现为以下四个方面:

4.1.1 经济体制转型

进入 1978 年以后,国家目标从阶级斗争转移为经济建设,制度设计上采取了以外围经济领域试点,渐进式增量改革的思路。在此路径下,确立了计划与商品并存的"双轨制"

经济体制，完成了从计划经济到市场经济的过渡性经济体制。在时间节点上，1978 年明确了"经济建设"为主导的战略目标，1984 年提出"有计划的商品经济"；1987 年确立了"国家调节市场，市场引导企业"的计划与市场并存的"双轨制"经济体制，标志了经济体制改革的全面启动；同时，1984 年西安市被批准为计划单列市，扩大西安经济管理权限和经济调节能力，政府角色从定指标、列项目、分投资、分物资的角色向研究制订经济社会发展战略和中长期规划转变。价格"双轨制"改革开启了市场化改革序幕。同时，对乡村和城市分别采取"家庭联产承包制"（1978～1984 年）和"包干"（1984 年以后）的生产组织方式改革，并对与之相关的财务制度、投资体制、宏观经济管理等方面进行调整。

4.1.2　价值体系转变

在价值体系方面，空间主体依然是国家，但与计划经济时期相比，这一时期居民的生活需求急剧上升，尤其自 20 世纪 80 年代初知青和三线军工企业返城，使得居住与公共服务功能等需求使空间价值变得多元。此外，伴随阶级斗争意识的淡化，众多历史空间抹去了"旧时代"、"封建文化"的意识流，其空间的文化价值逐步正视。在此背景下，国务院于 1982 年公布了第一批国家历史文化名城（共 24 个，西安为其中之一），开启了历史文化的空间保护。受意识惯性与争论影响，在意识形态上出现对计划经济和市场经济两种经济类型的混沌与争论，改革呈现"双轨运行"、渐进、嬗变的特征。

在价值认知方面，设立开发区和沿海经济特区建设 ①，形成以区域为载体的对外开放区域，成为吸引外资、试点市场经济、与国际市场接轨的试验田，发挥空间载体的主动性作用，空间的主动作用被关注。同时，空间作为经济要素的价值被关注，空间配置的科学化逐步受到重视，学界逐步认识到城市与区域发展存在一定的发展规律，并通过合理的布置与优化可以取得较优的经济效益与效率。

4.1.3　发展目标转变

在市场转型的背景下，城市发展的目标发展重大转变。首先，城市建设目标从阶级斗争向经济发展转变，产业结构调整和管理模式围绕经济效益进行转变，发展第三产业、提高国有企业效益成为核心内容；其次，城市性质从"生产型"城市向"生活型"转型，在计划经济时期"欠账"的居住、商业、公共服务社会等城市功能成为功能增补的核心内容；再次，将历史文化遗址纳入到城市性质层面，避让历史文化遗存的空间区位，确立城市

---

① 自1988年北京批准北京市新技术产业开发实验区之后，截至1991年共批复国家27个国家级的高薪技术开发区。

拓展东南和西南区域，提出"显示长安城的宏大规模，保持明确西安的严整格局，保护周秦汉唐的伟大遗址"的古城保护原则。

4.1.4　城市规划"科学化"转变

20世纪80年代初期学界引入了"城市化"概念，1980年的国务院会议明确提出"控制大城市规模，合理发展中小城市，积极发展小城镇"的城市发展方针，关注生产力的整体布局，重新认识区域尺度的空间价值，国土规划、区域规划普遍展开，呈现构建国家空间经济开发的新格局。受"科学化"思潮的影响，空间配置的科学化被重视。受此影响，本阶段的城市规划与计划经济时期在内容、方法、对象、编制等方面存在变革。其中，在内容层面，城市规划的作用转向基于理性认知的城市空间组织，以经济地理、城市地理学为主导的高校及科研单位加入到规划行列中，促进了城市规划的科学化进程；在方法层面，从经验主义转向以计量模型为主导，研究对象从内部空间拓展到区域空间，关注区域发展[205]；在规划编制层面，注重西方规划理论、方法理论的本土化探索，并通过1990年的《中华人民共和国城市规划法》和《中华人民共和国城市规划编制办法》的实施，形成较为系统的中国城市规划编制体系，使得城市规划正式成为城市空间发展的重要工具。

在此背景下，西安于1978年开始组织西安市第二版城市总体规划（图4-1）。主要特征及内容为：第一，在城市性质层面，纳入历史文化保护，加强文物环境保护，提出"严格控制、保护改造、充实提高、发展远郊"的城市发展原则[206]，城市人口规模为180万人，用地规模为162平方公里；第二，在规划内容上强调城市土地功能分区，对工业、居住、商业、公共设施等主导功能空间的空间布局、发展模式、功能内容等方面进行了规划控制，并衔接五年计划；第三，在规划体系上对绿地系统、建筑高度、道理系统、历史文化名城保护、市域城镇体系等进行了专项规划，其中在道路系统中采用从中心向外辐射的道路网模式，在城镇体系规划中提出卫星城规划思路，城市的开敞空间通过郊区公园和绿地的方式来实现；第四，在历史文化保护方面，提出"保存、保护、复原、改建与新建开发密切结合"的建设原则，并构架了整体保护区域，即一环（城墙）、二片（北院门及碑林地区）、三线（湘子庙街、书院门、北院门）、"十八个点"（旧城区内国、省、市级文物保护单位）[206]；第五，在城市空间结构方面，确立了以明城区为中心，继承和发展唐长安城"均衡对称、经纬涂制"的道路网络，保护周秦汉唐重大遗址，新区避让遗址区域的整体结构；第六，在重大设施布局方面，将黑河引水工程、二环建设、飞机场搬迁等重大设施调整纳入到总体规划中；第七，在实施策略上采取"统一规划、统一开发、统一建设"的体制，城市规划范围内的土地统一由城市规划部门管理，并对用地单位征收土地使用费[206]，同时，为保障规划的实施，相继颁布《西安市公有住宅补贴出售给个人的试行办法》、《商品房拆迁安置试行办法》、《西安市人民政府关于控制市区建筑高度的规定》（1986年）、《西安市城市规划建设管理办法》（1987年）等相关管理办法，使城市规划的实施得到具体法规的保障。

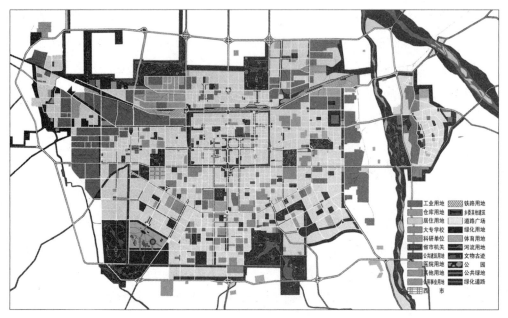

图 4-1　西安城市土地利用规划图（1980～2000年）

（资料来源：引自《西安市城市总体规划（1980年—2000年）》）

4.2 "空间格局"演化过程分析

受制于意识形态、社会需求以及生产分配方式的变化，本阶段城市规模处于稳定增长阶段，人口增长 219.39 万人，年均增长人口为 15.67 万人/年，分别是 1949～1978年间的 1.65 倍和 3.41 倍。建设用地规模从 1978 年的 91.71 平方公里增长到 1992 年的124.28 平方公里，年平均增长用地 2.33 平方公里，是 1949～1978 年间的 0.83 倍。

城市建筑用地演化图表明（图 4-2），"内部填充"和"边缘扩展"构成了主要拓展方式。"内部填充"的区域主要集中于西郊工业区、韩森寨工业区与明城区之间的区域，用地类型主要为居住用地和公共空间用地。"边缘扩展"的区域主要集中于城市"西南"和"东南"的边缘地带。其中，"西南"区域主要是"三线工厂"回迁区域和新建工业区（西安高新技术产业区和西安电子工业区）的区域，成为本阶段西安空间拓展的主要增长点，主要建于 1989～1992 年间，主要用地类型为居住和工业用地。

通过宏观层面的变化现象，以历史地图为对象，对其"空间格局"演化分析如下：

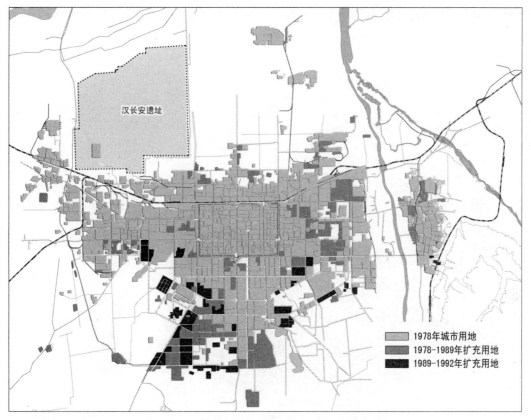

图 4-2 西安城市用地演化图 (1978 ～ 1992 年)

（资料来源：根据《西安现状图 (1992 年)》、《西安市志》、《西安统计年鉴》中相关内容绘制）

4.2.1 功能区位演化

空间区位是指城市功能空间的选址位置，通过不同功能的区位布局可以总结空间要素之间的空间联系和空间布局特征。对比 1978 年与 1992 年土地利用现状图（见图 3-10、图 4-3），1978 ～ 1992 年西安城市功能布局具有圈层特征，呈现三个圈层（图 4-4、图 4-5）。第一圈层为明城区范围（半径 1.5 公里），这一区域内聚集了大量文化历史地点，以及省级、市级、区级政府部门，成为重要行政办公的分布区，以副食、服装为主导的专业市场在这一区位内分布较密集，同时分布有西北影城、青少年活动中心等省级文体设施，以居住、商业、文化娱乐等功能为主导的现代城市中心在这一区域内开始萌动。此外，这一区域是西安自新中国成立以来一脉相承的传统区域，分布主要的历史文化资源和传统街坊。因此，这一圈层是集办公、居住、商业、文化娱乐、历史等为一体的综合功能区。第二圈层是陇海线以南，距离钟楼 1.5 ～ 5.0 公里之间的扇形区域。这一区域内东西两侧主要以单位型的居住为主导，而南边主要以文教和居住用地的为主导。同时为第二商业圈层的聚集区，以蔬菜等农贸产品为主导的专业市场、星级酒店和大型饭店为主要类型。第三圈层是陇海线以北区域和距离钟楼 5.0 ~ 10.0 公里之间的区域，由两个扇形区域构成，主要以工业为主导，是城市重要的生产性用地的聚集区域。

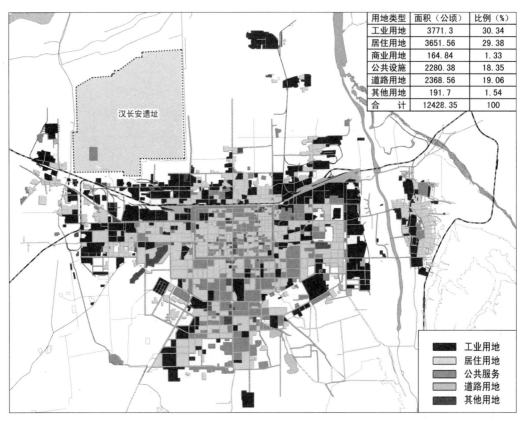

用地类型	面积（公顷）	比例（%）
工业用地	3771.3	30.34
居住用地	3651.56	29.38
商业用地	164.84	1.33
公共设施	2280.38	18.35
道路用地	2368.56	19.06
其他用地	191.7	1.54
合　计	12428.35	100

图 4-3　西安城市土地利用现状图（1992 年）

（资料来源：根据《西安现状图（1992 年）》、《西安市志》、《西安统计年鉴》中相关内容绘制）

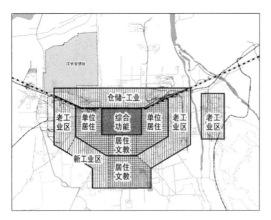

图 4-4　1978 ~ 1992 年西安城市功能布局图

（资料来源：根据《西安现状图（1992 年）》、《西安市志》、
《西安统计年鉴》中相关内容绘制）

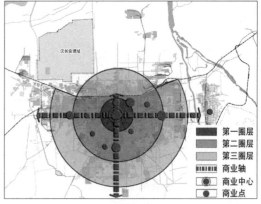

图 4-5　1978-1992 年西安城市功能结构图

（资料来源：根据《西安现状图（1992 年）》、《西安市志》、
《西安统计年鉴》中相关内容绘制）

在空间关系上形成轴线与现代城市中心的雏形。其中东西轴线在进入第二圈层后，功能以居住为主导，而南北轴线进入第二圈层后，与专业市场、宾馆酒店相结合。因此南北轴线趋向发展轴，而东西轴线以生活性为主导。结合圈层化的分布和空间关系，1992年西安城市空间呈现非均衡的"圈层＋扇形"结构特征，重心向南偏移。

4.2.2 功能用地比例演化

空间比例是通过要素与整体之间的比重，判定要素与空间结构之间的关系。在纵向的用地面积变化方面（表4-1），1992年各类型用地面积比1978年均增长15%以上。其中道路用地增长比例最大，为90%，而居住用地、商业用地、公共设施用地的增长率次之，工业用地的增长率最小为15%。以生产性与生活性划分，生产性用地增长率为16%，主要分布在城市轴线及第三圈层范围内（表4-2），生活性用地增长率为49%。在横向用地比例方面，工业用地依然占据最大比重，但与1978年相比，工业用地与居住用地比重下降，公共设施和道路用地比值增加迅速，分别占18%和19%，商业用地维持了在城市用地中的比值。

1978～1992年西安城市用地比例演化表 表4-1

年份	生产性				生活性						其他用地	
	工业用地		商业用地		居住用地		公共设施		道路用地			
	面积（公顷）	比例（%）	面积（公顷）	比例（%）	面积（公顷）	比例（%）	面积（公顷）	比例	面积（公顷）	比例（%）	面积（公顷）	比例（%）
1978	3291	36	106	1	2715	30	1601	17	1246	14	211	2
1992	3771	30	165	1	3652	29	2280	18	2369	19	192	2
增长率（%）	15		56		35		42		90		-9	
	16				49							

注:数据通过历史地图还原的方法获取，与相关《西安年鉴》相关数据存在误差。
（资料来源:依据1978年和1992年的《西安现状图》实测数据整理）

1978～1992年西安城市土地利用圈层内土地类型比例表 表4-2

	工业用地		居住用地		商业用地		公共设施		道路用地		其他用地	
	面积（公顷）	比例（%）	面积（公顷）	比例（%）	面积（公顷）	比例（%）	面积（公顷）	比例（%）	面积（公顷）	比例（%）	面积（公顷）	比例（%）
第一圈层	40	3	456	34	52	4	461	35	314	24	40	3
第二圈层	744	20	1312	35	69	2	843	23	659	18	70	2
第三圈层	2987	40	1883	25	40	1	976	13	1396	19	122	2

（资料来源:根据《西安现状图(1992年)》实测数据整理绘制）

用地比例表明，1978～1992年生活性用地与生产性用地处于并轨发展态势中。其中，生活性城市用地增长速度大于生产性城市用地，与"生活型城市"转型相契合。对比《城市用地分类与规划建设用地标准》（1991年）中用地比例，1978～1992年时期除工业用地的比值偏大外，城市用地比例演化整体趋向合理化。

4.2.3 地块尺度演化

空间尺度包含了空间单元、地理范围、空间体系等内容，具有单元性、等级性、时空变化性和过程性等特征[207]。

第一，在城市规模尺度方面，1992年西安城市总建设用地的实测面积为124.28平方公里，人口为429.54万人[208]，分别是1978年的1.4倍和2.0倍；但人均用地面积降低，是1978年的0.76倍。建成区整体呈"T"形格局。

第二，地块尺度方面，因用地类型、区位、建设年代而呈现多元化（表4-3）。在用地类型方面，整体呈现工业用地→居住用地→公共服务设施用地→商业用地的整体特征。在空间区位方面，第一圈层（明城区，圈层半径1.5公里）的地块尺度以3～5公顷为主，第二圈层（圈层半径1.5～5公里的区域）以10～20公顷为主，第三圈层（圈层半径5～10公里的区域）以40～80公顷为主，工业和居住用地呈现由内到外渐增特征，而商业用地地块尺度的空间区位与之相反，公共用地未呈现明显的区位差异。在建设年代方面，新建工业用地地块尺度小于老工业地块；居住用地比较复杂，新增居住用地地块尺度10～20公顷为主，大于老居住用地地块尺度；而被更新的地块尺度普遍小于3公顷；商业用地中酒店及宾馆用地地块呈现逐年增加特征，但整体小于5公顷。

1978～1992年西安城市地块尺度圈层分布表　　表4-3

		工业用地		居住用地		商业用地		公共用地	
地块数量（个）		318		526		55		295	
地块尺度（公顷）		3～80		3～20		< 5		3～30	
区位	第一圈层（公顷）	3～5	7	3～5	108	3～5	24	3～5	101
	第二圈层（公顷）	10～20	65	10～20	122	3～5	17	10～20	93
	第三圈层（公顷）	40～80	246	—	296	—	14	40～60	101
建设时序（公顷）		新建＜原建		新建＞原建 更新≤原建		宾馆：新建＞原建 市场：新建≥原建		文体：新建＞原建	

（资料来源：根据《西安现状图(1992)》实测数据整理）

第三，在尺度组合方面，居住与工业用地在空间布局上并未有明确的体系关系，而商业、行政、文体设施的布局具有一定的体系性。在空间布局中基本遵从了市场原则、行政原则、交通原则。其中，商业用地在第一、第二圈层中以商业中心和专业市场方式形成体系雏形；文体设施呈现"省级—市级"的特征，缺乏"区级"的公共设施；行政用地中政府办公类主要集中于明城区；企业及研究单位主要分布在第二圈层中。

地块尺度大小呈现明显的用地性质导向，并与不同性质的用地建设模式、融资方式、产业结构转型相关联。在推行"统建"模式和"居住区"规划设计导向下，小尺度的地块难与之匹配，导致了新建居住用地地块尺度的渐增趋势。在产业结构向高新产业转型下，新型产业的用地尺度与重工业为主导的工业用地相比，其对地块尺度要求减小，导致了工业用地地块尺度渐小的特征。此外，居住用地地块尺度的扩大表明了市场对居住用地的影响比较小，住宅的商品化还处于萌芽阶段。同时，地块功能整体呈现单一性的特征，使得地块尺度的多元与功能单一并存。在建设时序方面，1978～1992年城市建设具有有序性和科学性的特征。

4.2.4　空间强度演化

空间强度是通过建筑容积率、建筑密度等指标，判定空间厚度和要素的空间关系。受数据限制，关于1992年西安建成区的容积率、建筑高度及建筑密度的数据只能从《城建大事记》及《西安市控制市区建筑高度的规定》（1986年）中获取新建重点地块的相关数据。

空间强度时间演化的特征表明，新建工业用地的容积率为0.29～0.42，居住用地为1.3～1.7，商业用地为1.5～2.0（可获数据），文体、文教用地为0.5～0.8，行政办公与居住用地接近。对比1978年（容积率≤0.5）容积率整体提升，其中居住用地和商业用地增幅较大，文教、文体等公共空间用地增幅较小，具有明显的建筑性质导向下增幅差异性。建筑高度差异也存在相似特征，1990年各类房屋总数中4层以上的楼房占34.5%，其中居住用地中新建建筑的高度以5～6层为主，商业用地以5～14层为主（表4-4）。

1978～1992年西安城市功能类型的空间强度范围表　　　　　表4-4

类　　型	工业用地	居住用地	商业用地	公共用地
容积率	0.29～0.42	1.3～1.7	1.5～2.0	0.5～0.8
建筑密度（%）	20～35	15～30	—	15～20
建筑高度（层）	1	5～6	5～14	5～6

（资料来源:根据《西安现状图(1992)》实测数据整理）

《西安市控制市区建筑高度的规定》（1986年）表明，建筑高度管控是以历史文建筑和古遗址的高度为依据，进行梯级布局。整体分为旧城区和旧城区以外两个区域进行高度控制。其中，旧城以内从明城墙向市中心，建筑高度控制依次分为9米、12米、22米、28米、36米5个等级（以钟楼宝顶为限），沿主干道容许少量、散点式布置的36米限高可行区。旧城以外，从环城路外侧起依次分为9米、18米、22米、30米、45米、64米和64米以上等7个等级的建筑高度（以大雁塔宝顶的高度为限）[206]。因此，具有明显的圈层式和轴向差异特征。

4.3 "功能类型"演化过程分析

4.3.1 工业空间演化

在城市向"生活性城市"转型的目标导向下，本阶段工业转型的方式为两类。第一，老工业区"大出大进"的重工业向"民用化"的轻工业转型或积极进行产业升级，强化专业化合作。在此背景下，电视机厂、啤酒厂、制药厂、陶瓷厂等企业开始在传统工业区中入驻，如1980年按照专业化协作生产原则成立7个总厂和一个公司（西安自行车总厂、西安缝纫机总厂、西安皮革总厂、西安搪瓷总厂、西安锅炉总厂、西安标准件总厂、西安油漆总厂和西安包装装潢公司），1984年陕西第一条彩色电视机生产线在国营黄河机器制造厂投入试生产，1985年西安市第一个招标工程——胡家庙面粉厂主体工程完成，1981年陕棉十厂引进联邦德国五台气流纺纱机投产等。第二，以电子、生物、通信等新型产业为主导的"西安电子工业区"（1983年）和"西安高新技术产业区"（1988年）开始"飞地"建设。工业用地面积从1980年的23.29平方公里增加到1992年的31.8平方公里[208]，年平均增加0.71平方公里。

在产业结构和产业类型的转型与重构下，工业空间的演化主要体现在空间区位、空间关系、开发强度等方面。

（1）工业空间区位演化：从外围"组团"到"外圈层"

本阶段西安工业用地扩张主要集中于两个区域（图4-6）。其中一个区域是以市属企业为主导的胡家庙老工业区（位于明城区东北角），主要为1985年建成的全国最大的中外合资制药企业杨森制药公司（占地12公顷，总建筑面积35000平方米）、胡家庙面粉厂和西安啤酒厂（表4-5），扩充面积66公顷。另一个区域是城南的电子工业区与西安高新技术开发区。在功能上，电子工业区主要以接收"三线"企业（这些企业建于20世纪60～70年代，主要是秦巴山区的国防工业及其关联产业）回迁为主，1983～1990年间迁入的"三线"工厂和研究所有10家。同时，1988年在电子工业区邻近区域新建了高新技术产业开发区，区域范围位于城市西南角，包含沙井村以西、糜家村以南和东郊信号厂以范围，占地面积22.35平方公里。

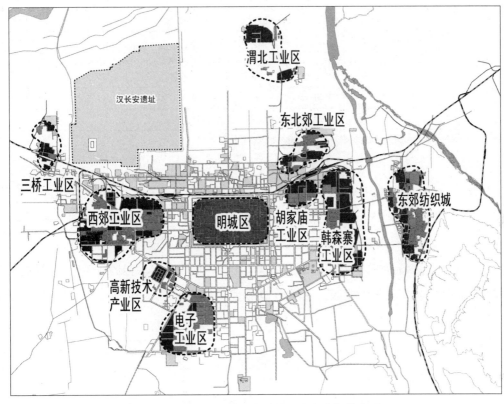

图4-6　1978～1992年西安工业区空间分布图

（资料来源：根据《西安现状图(1992)》实测数据整理）

1978～1992年西安工业区发展历程表　　　　表4-5

名　称	内　　　容	年份
胡家庙、东北郊工业区	杨森制药公司开始建设，中外合资制药企业，占地12公顷，总建筑面积35000平方米	1985
	胡家庙面粉厂（西安市第一个招标工程）主体工程完工	1985
	西安啤酒厂开建，占地166.7公顷	1985
	翠宝首饰集团公司成立，1993年成为控股资产逾10亿元的大型跨国集团公司，经营范围涉及珠宝首饰、农业开发，高新科技、旅游商贸等多个领域	1988
	华隆搪瓷集团公司成立（经济联合体企业）	1988
西郊工业区	陕棉十厂引进联邦德国五台气流纺纱机投产	1981
	西安电力机械进出口公司成立（西安第一家由企业兴办的进出口公司）	1987
南郊文教区	西安日用化学工业技术开发中心成立（西安市工业系统第一个科研生产型经济联合体）	1984
韩森寨工业区	西安"海燕"牌彩色电视机正式投产（无线电一厂）	1984
东郊纺织城	西北五棉纺织实业有限公司（集团）在西北国棉五厂成立	1987

续表

名　称	内　　　容	年份
西安电子工业区	西安电子工业城建设工程全面开工，占地 316.6 公顷	1986
	电子城二期开始启动，总面积 15 平方公里	1988
	国内最大压敏电阻生产线在西安电子工业区建成	1990
	西安电子市场动工兴建	1992
西安高新区	国家科委批准"西部新技术产业开发试验区"，总面积 22.35 平方公里，其中集中新建区 3.2 平方公里	1988
	被国务院批准为国家级高新技术产业开发区	1991
	集中新建区西区首期工程封项	1992

（资料来源：根据《西安与我 8：城建纪事》第 72～141 页相关内容绘制）

　　1978～1992 年工业用地区位演化表明，除东郊纺织城、三桥工业区与渭北工业区外，工业区距明城区 10～3.5 公里的范围内与明城区相拱而立，呈现"圈层"特征（见图 4-7）。在建设时序上，1978～1986 年期间主要拓展区域为胡家庙工业区，1986～1992 年以"西南"和"东南"区域为主。其中，"西南"郊形成以电子、信息等新型产业为主导的"高新技术产业区"和"电子工业区"，摆脱了对铁路的依赖。

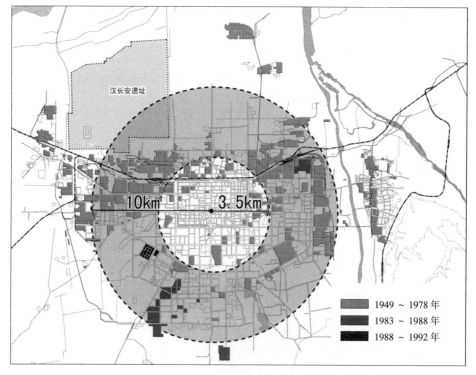

图 4-7　1978～1992 年西安工业用地演化图

（资料来源：根据《西安现状图 (1992)》实测数据整理）

（2）工业空间关系演化：从"空间隔离"到"连续空间"

工业用地布局从独立"组团"向"圈层化"演化的过程中，"组团"间的空地逐步被填充，空间连续性增强。其演化过程为：

第一，在老工业区内进行工业类型的"民用化"转型。1979～1984年间扩大企业自主权和管理的调整与改革，1984年以后推行厂长负责制和经济承包责任制，开展企业升级和现代化管理。同时加强骨干企业的技术改造和引进国内外先进技术和设备，在此背景下，老工业区开启了从"大出大进"到"民用化"的转型。先后组建自行车、缝纫机、锅炉等8个总厂（公司）。纺织工业通过调整产品结构、更新改造、增加宽幅织机、大力发展化纤工业、毛纺工业和服装工业，重新进入稳定发展时期。1984～1992年间，西安市工业技术改造规模进一步扩大，通过对现有企业的挖潜改造，使全市工业实力有较大增长。军工企业的民品生产有很大发展，产品如电视机、冰箱、冰箱压缩机、空调压缩机、新型纺织机械等均已形成较大生产规模。在老工业区的产业转型下，邻近工业区的空间界线被打破，产业协作下的空间联系加强。胡家庙工业区、韩森寨工业区与东北角工业区形成工业片区，成为纺织机械、轻工机械和家用电器、医药化工、轻纺服装等产业区；西郊工业区、三桥工区和北郊仓储区链接在一起，形成集电力机械、航空机械、仪器仪表、石油化工业等为主的工业体系。除了产业协作之外，邻近工业区范围内的科研、教学单位及公用设施的共享，促进了工业区间的社会联系。但东郊纺织城和渭北工业区因远离明城区，与明城区依然处于明显的隔离状态，空间联系局限于片区内功能空间（如居住、公共空间等）的组合。

第二，1984～1992年间新建的电子工业区和高新技术产业区，均是依托原有工厂、科研机构、高校等基础上的飞地建设。其中，高新技术开发区依托西北工业大学、西安电子科技大学等3所大学，航空工业部六三一所等5个研究所和东风仪表厂、西安磁带厂等4个工厂，新拓展3个小区。1986年开始动工兴建（1988年确立为"西安高新技术产业区"），截至1990年3个小区已基本建成，部分迁建企业转入生产开发阶段，1992年发展到950家。而电子工业区起步于1983年，在功能上它与西安电子科技大学、陕西师范大学等高校和科研机构形成协作关系。1993年西安电子工业区归属于西安高新技术产业区，表明了西安新建工业区之间的空间联系紧密。

1978～1992年西安工业空间依托产业之间的协同关系，新建工业区与临近的学校、科研单位及公用设施形成功能组合，空间配置的科学化被关注，工业区之间的空间联系增强。

（3）工业空间强度演化：从低强度到逐步提高

以1985年的杨森制药公司和1988年的西安高新区为例，容积率分别为0.29和0.42，工业用地的开发强度不断提高。但老工业区的开发强度低于新建区域。

4.3.2　居住空间演化

在计划经济时期，住宅建设按国民经济发展计划实施，并在政府和单位的"统包"下，以实物福利的方式按照职务进行分配，其建设规模、环境指标、建设质量均按照统一标准实施。同时，受建设生产性城市的目标导向，在资金投入上压缩居住建设资金，居住建设一直处于"低成本、低标准、形态单一、户均面积小"的发展时态中，长期积压的刚性需求成为改革开放初期西安城市建设面临的首要任务。与此同时，西安在20世纪80年代迎来"知青返乡"、"三线工厂"回迁的热潮，加剧了西安城市的居住需求。在此背景下，1978～1992年西安城市居住空间演化内容主要有两个方面。第一，调整开发模式，将融资方式从国家"统包"的单一的筹资方式转变为国家、企业、个人共同资助的"统建"模式（住房三三制改革），居住建筑形态趋向多元化，商品房的出现促使产权结构的演化；第二，居住的空间模式从设施简陋的"工人新村"向功能复合的居住小区转型，促使了居住单元、功能类型的变化，同时，与之相关的空间区位、空间强度、空间尺度等方面历经了转型与重构。居用地面积从1978年的27.15平方公里，1992年的29.18平方公里，年均增长0.145平方公里。

（1）空间模式演化：从独立"新村"到"居住区"

以居住建设模式的演化主线，历经三个时段（表4-6、图4-8）。

1978～1992年西安居住空间发展历程表　　表4-6

阶　段	主　要　内　容	区　位
统建探索阶段（1978～1982年）	成立住房统一建设办公室，对住宅建设试行统建（1979年）；陕西省人民政府颁发《陕西省职工住宅建筑设计标准》(1982年)；在长安北路(3.2公顷)、长乐西路(5.3公顷)、西关南小巷(3.5公顷)、兴庆小区、龙首村进行居住用地统建及规划试点（1979～1982年)，占地面积3～5公顷，容积率1.3～1.7，新建居民住宅310多万平方米	临近明城区的工业区内
统建推广阶段（1982～1990年）	首次举办商品房交易和房屋互换大会；北郊兴建商品住宅，占地186公顷，70栋，高度以5～6层为主体，最高为12层（1985年）；兴庆小区二期、纺织城、电子工业区等区域新建"工业—居住"型居住小区（1986～1989年）	各工业区
内城更新阶段（1990～1992年）	22家房地产公司成立（1992年）；西安市《低洼棚户区和危旧房改造实施方案》出台，方案确立49处需改造的低洼棚户区（1991年）；明城区内的南坊巷、新城巷、保吉巷、东仓门、迎春巷南区、北洞巷、曹家集等七处低洼地区改造工程动工（1991～1992年）；临近明城区的和平村、生产村、劳动村、瓦窑村、北火巷等工人新村改造工程动工（1991～1992年）	明城区及临近区域的工人新村

（资料来源：根据《西安与我8：城建纪事》第72～141页相关内容绘制）

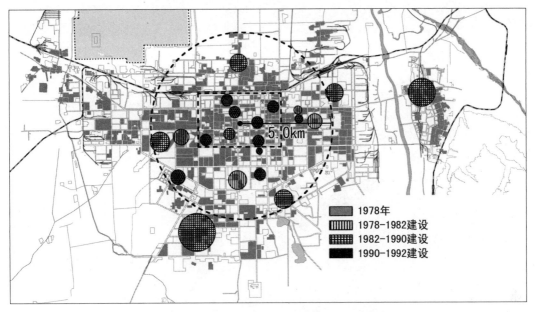

图 4-8 1978 ~ 1992 年西安居住用地演化图

（资料来源：根据《西安现状图 (1992)》实测数据整理）

第一阶段是"统建"试点时期（1978 ~ 1982 年）。利用国家城建总局拨款的 100 万元资金，选取长安路、长乐西路和西关南小巷进行"统建"试点。同时，在城东的韩森寨工业区新建兴庆小区，设有生活服务设施和中学、小学、幼儿园、托儿所等教育设施，小区中心设置 3000 平方米的中心绿地[183]，进行居住区模式的试点。

第二阶段是"统建"完善与推广阶段（1982 ~ 1990 年）。这一阶段以单位集资为主导，各企事业单位和老工业区的纺织城、韩森寨、西郊工业区内纷纷进行了居住新建和改造，先后兴建张家村、潘家村、兴庆、朝阳、太白等住宅小区；同时，新建的工业区（电子工业区和高新技术工业区）开始新建大量居住建筑。此外，明城区内的低洼地区（东五路、豫民巷、莱市坑等）房屋进行小面积改造翻建。

第三阶段是"统建"模式下的旧城改造阶段（1990 ~ 1992 年）。通过 1991 年《低洼棚户区和危旧房改造实施方案》确立 49 处需改造的低洼棚户区，明城区内南坊巷、新城巷、保吉巷、东仓门、迎春巷南区、北洞巷、曹家集等七处低洼地区改造工程动工，同时，明城区临近的和平村、生产村、劳动村、瓦窑村、北火巷等工人新村改造工程动工。

伴随居住形态从"新村"向"居住区"的转型，各组团间的用地逐步被"填充"，居住用地在空间上形成圈层特征，分布在以明城区为中心半径的 5 公里范围内，与工业的圈层范围（半径为 3.5 ~ 10 公里）存在交集。但是，"单位福利"主导下，延续了计划经济时期的"工业—居住"、"单位—居住"的单位制属性（图 4-9）。

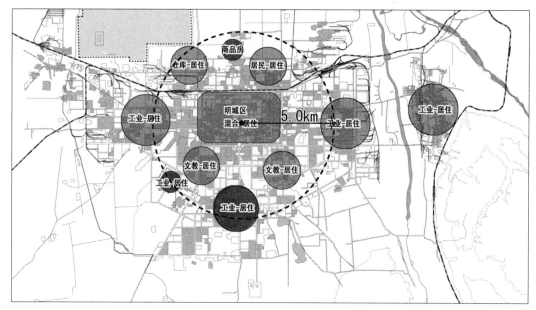

图 4-9　1978～1992 年西安居住类型布局图

（资料来源：根据《西安现状图 (1992)》实测数据整理）

（2）居住形态演化：从低强度"街坊"、"工人新村"到中强度"居住区"

居住"统建"模式推动了居住的"国家福利"向"单位福利"的转化。住房投资转向国家、单位、个人（三三制）共上同承担，单位与个人的融资差异与居住质量相关联，促使了居住形态的多元和空间强度的分异。

其中，居住形态特征主要体现在三方面。第一，因住宅差异化设计而呈现的多元特征。1981 年建设的兴庆住宅小区，通过门斗、花格、阳台花饰、外饰色调等变化，使 4 个坊各具特色。除色彩之外，1985 年北郊兴建庞大的商品住宅中，高度以 5～6 层为主体，最高为 12 层。建筑高度的层次化，摆脱了计划经济时期 1～2 层的单一性。第二，因居住模式变化而呈现的多元特征。1979 年开启的"统建"模式，受西方"邻里单位"、"小区规划"的影响加入了公共建筑、公共绿地等内容，增加了居住空间的形态多元化。如 1981 年新建的兴庆小区，临街安排储蓄、邮局、书店、食品、百货、医药等营业用房，小区内设有粮店、菜店、煤店、居委会、自行车棚等生活服务设施和中学、小学、幼儿园、托儿所等教育设施，除各坊设有小片绿地外，还布置中心绿地。此外，在居住户型面积上因职位、职业等差异而设置不同的面积（表 4-7）。第三，因单位经济效益差异而呈现的形态差异。在住房制度的转型下，居住的环境品质与单位的经济状况相关联。整体上国属企业由于结构调整缓慢，所属的职工居住空间更新速度较慢，而新型产业为主导的高新技术产业区和电子工业区内的居住空间的环境质量较高。

《陕西省职工住宅建筑设计标准》（1982年）　　　表4-7

类型	户均建筑面积（平方米）	适应范围
一	42～45	适用新建厂矿企业的干部职工住宅建设，偏僻矿区的建设标准可略高，但不超过50平方米
二	45～50	适用于城市居民、老厂矿企业、县级以上的机关、文教、卫生、科研、设计等单位的干部职工的住宅建设
三	60～70	适用于讲师、助理研究员、工程师、主治医师和相对于这些职称的其他知识分子，并适用于正副县长和相对于此职别的其他领导干部
四	80～90	适用于正副教授、正副研究员、高级工程师、正副主任医师和相当于这些职称的其他高级知识分子，并适用于省级机关的正副厅、局长、正副专员（市长）和省、地（市）相当于此职别的其他领导干部

（资料来源：《西安市志(第二卷)》第269页）

在建筑强度方面，1978～1982年新建或改建的建筑容积率在1.3～1.7之间（表4-8），是计划经济时期容积率的1～2倍，4层以上的楼房占34.5%（据1990年数据）。1985年试点的北郊商品房中出现了12层的居住建筑，容积率进一步提升。因此，以此推算1978～1992年新建或改建的居住用地的容积率维持在1.3～1.7之间，强度分异与建设时序的空间区位特征趋同。

西安试点住宅更新前后技术经济指标对比表(1978～1980年)　　　表4-8

	长乐西路		长安路		西关南小巷	
	建设前	建设后	建设前	建设后	建设前	建设后
总用地面积（公顷）	4.85	4.85	3.08	3.08	3.09	3.09
总户数（户）	778	1214	284	860	381	733
总建筑面积（平方米）	—	74255	—	52199	—	40526
住宅建筑面积（平方米）	27927	67726	7923	48934	12214	34850
户均住宅建筑面积（平方米）	35.9	55.78	27.9	56.9	32.1	47.5
道路用地（公顷）		0.49				0.46
绿化用地（公顷）		0.25				0.12
建筑容积率	—	1.53		1.69		1.31
建筑毛密度（%）	57.58	15.37	34.9	16.94		13.24

（资料来源：《西安市志（第二卷）》第267页）

（3）居住开发模式：从"统包"到"统建"

在住房建设"统建"模式推行下，政府、单位、个人在开发过程中角色发生变化。在政府层面，1979年采取统一负责征地、拆迁、三通一平、设计和施工的开发模式。坚持住宅与商业服务网点、中小学、托幼、绿化、人防工程及市政公用等配套设施同时施工、同时交付使用。除集资统建办法外，还通过代建、合建、协助安置拆迁户等办法，吸纳资金用于住房建设，建设方式从小生产方式向社会化大生产方式转化。同时，住房从福利型的无期、低租金的分配模式向有期、有偿使用和商品经营模式的转化[183]。

居住开发模式的改革，改变了计划经济时期由国家统一投资建设的"统包"方式，植入商品化概念，增加了投资渠道，促使居住用地增量式发展。开发公司作为相对独立的经济实体对投融资体系、建设回报效益全面考虑，催生了自下而上的规划决策，改变分散建设、多头管理的建设体制[183]。

（4）居住间分异：单位效益差异下的居住分异

单位制是集社会管理、居住—工作、社会福利为一体的组织单元，单位将生产与生活混合，形成"单位大院"，构成了城市基本的空间单元和社会单元。西安市作为20世纪50年代后国家重点建设城市之一，单位制普遍存在于20世纪90年代以前建立的工业企业、高校、机关大院等中。在单位制居住空间内部，虽然存在人口构成中的经济收入、生活习惯、兴趣等方面的差异，但其居住条件的同质化促使了居住空间的同质性，因此未在"单位社区"内形成明显空间分异现象。

1978～1992年，虽然在居住建设模式、财务制度等方面进行了市场化的调整，但并未从根本上动摇以单位为主导的福利、管理等体制，反而"三三制"建设模式，增加了单位的建设权力，加剧了单位经济效益差异下的居住空间差异。

持续了60余年的单位制形成了稳定的社会结构和邻里关系，构成了中国城市以阶层分布均质化为特征的独特社会空间结构形式。在功能上居住与工作相结合，形成职—住平衡的空间关系，减少了交通压力，提升了空间效率[79]。

4.3.3 道路结构演化

道路广场空间是构成城市空间结构的重要骨架，影响了城市土地利用和功能结构，反映各种社会关系和经济历史的空间占有和分配情况[209]。1978～1992年道路变化主要以规划为引导，结合边缘区建设进行道路类型的升级与道路网密度的提升。在道路改造方面，除打通环城路的四位一体环城建设工程外，先后完成西安客站新建和开拓环城北路地下隧道、车站广场工程，打通东关正街鸡市拐到兴庆路、劳动南路、丰庆路、西斜七路东段、丰镐路南段、三兆新路等交通干道；拓宽西华门、长安南路、兴庆路南段、华清路十里铺段等道路，同时，实现陇海铁路电气化改造（1988年）[210]；新建道路主要围绕工业区的拓展与更新而展开，城市南部成为道路拓展的主要区域。此外，在道路设施方面，将西关机场迁至咸阳（1987～1991年），新修西安至临潼高速公路和西安至铜川高速公路，并于1992年开建南二环。截至1990年，西安市道路共785条，长562.78公里[210]。1978 ～ 1992 年道路结构的演化表明，道路格局维持了"均衡对称、经纬涂制"，其变化主要体现在道路结构、道路密度方面。

（1）道路结构演化：从线状结构到网状结构

1978 ～ 1992 年的道路结构在横向以道路延伸为主（图 4-10），形成贯穿东西的主轴，连通城西与城东，东西之间的空间联系增强。在纵向依托环城路新增了两条主轴，一条是星火路—环城西路—太白路，另一条是太华路—环城东路—太乙路。道路结构的演化表明，城南成为 1978 ～ 1992 年西安的主要拓展范围，在西安的经济发展中扮演重要角色。计划经济时期与明城区临近的工业组团之间的交通联系便利，空间关系增强，而与明城区距离 10 公里以外的东郊纺织城、三桥、渭北工业区依然比较独立，与明城区的空间联系较弱。

（2）道路密度演化："经纬涂制"格局的重心南移

1978 年西安城市道路结构是明城区为中心强化与周围组团连接，组团与组团之间因缺乏道路而处于空间隔离状态。1978 年改革开放以后，伴随工业与居住的圈层化更新与拓展，道路网密度增大，道路质量提升。在空间区位上，西南、东南、南部的道路不断新建，并与城市西部、东部的工业组团相连接，增强了所属区域的空间联系，改变了这一城市区域空间隔离的现象。对比 1978 年道路格局，1992 年的道路格局的重心向南偏移，与城

图 4-10　1978 ～ 1992 年西安道路演化及结构图

（资料来源：根据《西安现状图 (1992)》实测数据整理）

市用地拓展方向吻合。道路级别分为主干道—次干道—街坊支路构成，主干道的宽度为40～80米，次干道的宽度为25～50米，街坊支路占据城市道路数量和长度的主要比例。

4.3.4 商业空间演化

在计划经济体制下，实行商业网点按行政区划设置，工业产品按"一、二、三级批发站到零售企业"逐级下伸，呈现分级布点、固定价格、零售商业主导的商业模式。改革开放以来实行"国营、集体、个人"的融资原则，促使了个体商业发展，中外合资、合作和外商独资、私营商业以及各种不同所有制商业迅速发展。在购销形式上采取多种方式，陆续取消对农产品统购和对工业品统购报销的制度，缩减计划管理商业的品种，扩大市场调节的范围。在流通市场上，1983年西安市制定《经济体制改革方案》，构建了开放的商品流通市场，多种经济形式、多条流通渠道、多种经营方式出现，城乡市场界线被打破。在管理体制上实行承包经营责任制、租赁制、经济联合制、股份制等多种模式[211]。伴随购销形式、流通市场、管理模式的改革与调整，商业发展呈现"主体多元化、渠道多元化、形式多元化"的特征，商业开始迅速发展。其中，酒店宾馆和市场商场成为主力军，构成了1978～1992年商业空间结构转型的核心内容。体现为大量以服装、副食等为主导的专业市场涌现，具有现代标志的星级酒店、外国饭店、综合商贸大厦的现代化商业设施不断涌现，功能趋向集住宿、餐饮、商务、娱乐为一体的城市综合体，住宿规模逐步向200～600床发展，并在建筑高度上主导着城市天际线的变化。商业用地从1978年的105.82公顷上升到1992年的164.84公顷，年均增长4.22公顷，成为用地类型中增长最快的用地。

（1）商业区位演化：从"分级布点"到"轴向拓展"

1978～1992年间商用用地布局（图4-11）表明，通过14年的发展，截至1992年西安市形成两条明显的商业轴线，以钟楼为中心，依托东西、南北大街，形成"一心、两轴、多点"的空间结构（图4-12）。在空间区位上，明城区内的商业点分布密集，城南、城东和城西均衡分布，整体形成扇形分级格局。其中，一级商业以钟楼所处的商业点为中心半径约1.5公里的范围，聚集了骨干商业企业和众多商业网点；二级商业网点是半径约1.5～3.5公里区域，这一范围集中了主要的专业性市场，同时分布金花饭店、唐城宾馆、唐华宾馆、夏威夷酒店、凯悦大酒店、喜来登大酒店等星级宾馆；三级商业点是半径3.5～5.0公里的范围，主要由城乡结合部的零星商业点构成。

商业结构的演化表明，本阶段的商业布局遵从市场遵从接近性布局原则，商业点临近城市干道，并在聚集效应作用下形成城市发展轴线和市级商业中心雏形，城市商业趋向体系化[212]，综合性的宾馆、夜总会和外国饭店等新型空间出现。

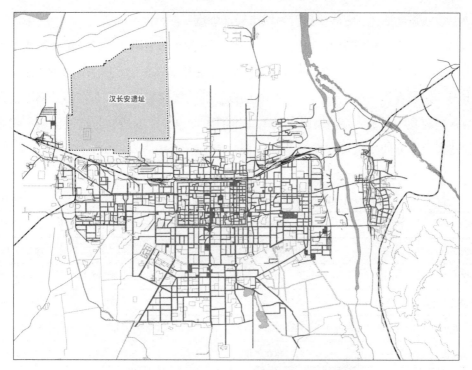

图4-11　1978～1992年西安商业用地布局图

（资料来源：根据《西安现状图（1992年）》及《西安市志（第四卷）》中相关内容绘制）

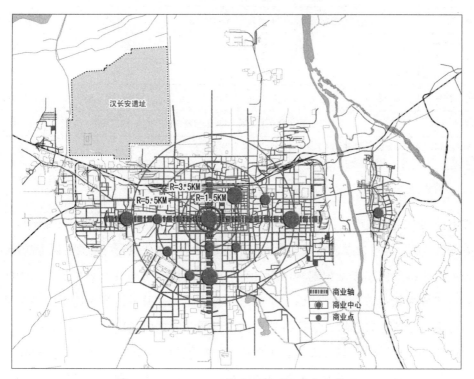

图4-12　1978～1992年西安商业空间结构图

（资料来源：根据《西安现状图（1992年）》及《西安市志（第四卷）》中相关内容绘制）

（2）空间强度演化：从从属到引领城市局部强度

1978～1992年西安新建宾馆及酒店的层高（表4-9）表明，新建宾馆及酒店10层以上的占主导，远高于工业区（1～2层为主）、居住建筑（5～6层为主）的层高，主导着城市天际线的变化。在区位分布上，10层以上的高层建筑主要分布在第二圈层范围内，也是数量最密集的区域；而明城区以内的宾馆酒店普遍小于5层，与临近区域（明城区）的居住和行政办公的建筑高度接近。

1978～1992年西安新建主要宾馆规模及时序　　　　表4-9

名　称	层　数	面积及规模	区　位	建设年份
西安宾馆	15层	200床，7900平方米	长安路	1979～1982
朱雀大厦	10层	7900平方米	南郊小寨西路北侧	1980～1984
钟楼饭店	7层	—	钟楼	1983～1988
西安金花饭店	10层	4700平方米	长乐东路	1984-～1985
长安国际饭店	—	300套客房	南门外西侧	1984
西安唐城宾馆	11层	379套客房	南郊含光路南段	1985～1986
建国饭店	14层	客房600套，总建筑面积47700平方米	互助路	1987～1989
唐乐宫	—	总建筑面积7000平方米，1200个餐位	南稍门	1988
西安唐华宾馆	4层	占地51000平方米	南郊雁引路	1988
秦都酒店	5层	客房181间	环城西路	1989
凯悦大酒店	12层	44642平方米，客房315间	明城区内东大街	1990
喜来登大酒店	16层	建筑面积39000平方米，438套客房	西二环路	1991

（资料来源：根据《西安与我8：城建纪事》第72～141页相关内容绘制）

4.3.5　公共空间演化

城市公共空间是城市居民进行公共交往、举行各种活动的开放性场所，既包含广场、公园等开放空间，也包含以公共服务为主导的行政办公、文化娱乐、文教科研等功能空间。改革开放以来，人们逐步认识到城市应具有生产和生活双重属性，城市公共空间的建设和发展逐步成为衡量城市整体建设水平的重要标志之一，并成为国家组织经济活动、构建健康社会、创造人居环境、进行科学文化教育活动的主要场所[205]。1978～1992年公共空间的用地变化（图4-13、表4-10）表明，医疗卫生、公园广场和文化体育用地增长最快，均超过45%，增量式发展成为总体特征。纵观这一阶段西安公共空间的构成要素的发展历程，其主要特征与转型体现为：

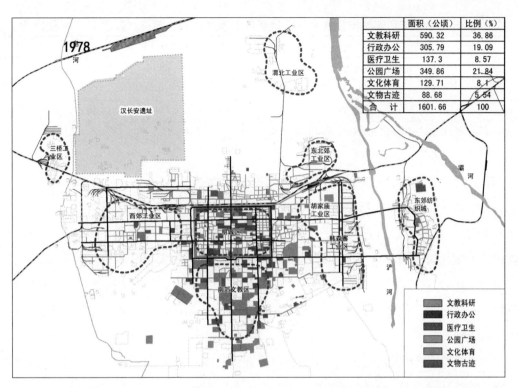

	面积（公顷）	比例（%）
文教科研	590.32	36.86
行政办公	305.79	19.09
医疗卫生	137.3	8.57
公园广场	349.86	21.84
文化体育	129.71	8.1
文物古迹	88.68	5.54
合　计	1601.66	100

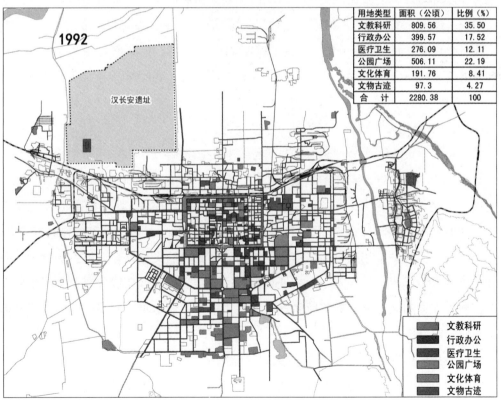

用地类型	面积（公顷）	比例（%）
文教科研	809.56	35.50
行政办公	399.57	17.52
医疗卫生	276.09	12.11
公园广场	506.11	22.19
文化体育	191.76	8.41
文物古迹	97.3	4.27
合　计	2280.38	100

图 4-13　1978～1992 年西安公共空间演化图

（资料来源：根据《西安现状图（1992 年）》及《西安市志（第二卷）》的相关内容绘制）

1978～1992年西安城市公共空间土地利用平衡对比表（单位：公顷）　　表4-10

	文教科研	行政办公	医疗卫生	公园广场	文化体育	文物古迹	合　计
1978 年	590.32	305.79	137.3	349.86	129.71	88.68	1601.66
1992 年	809.56	399.57	276.09	506.11	191.76	97.3	2280.38
增长率（%）	37	31	101	45	48	10	42

（资料来源：根据1978年和1992年的《西安现状图》实测数据整理）

（1）公共空间功能类型演化："欠账"型的功能增补

文化娱乐设施方面，先后新建了西安市少年宫（1981年）、陕西省体育馆（1984年）、北方乐园（1985年）、古都文化艺术大厦（1986年）、陕西省博物馆（1986年）、西安市唐代艺术博物馆（1988年）、陕西省电视塔（1988年）、西安跑马场（1990年）、市群众艺术馆（1991年）、西北影城（1991年）等省级、市级文化娱乐设施。这些设施普遍与商业空间相结合，使计划经济时期的"工人俱乐部"向城市中心或区级中心转型，科学化得到认同。

公园的类型除综合性之外，新增了几处专业性公园，包括儿童公园、动物园、植物园等。此外，伴随环城绿林公园化的改造、新城广场和火车站广场、专业市场的新建等，形成了由广场、绿地、街区构成的城市开放空间，城市开放空间体系逐步形成。

在市政设施方面，西安市先后兴建了煤气储配厂（1981年）、秦岭发电厂（1983年）、西郊热电厂（1985年）、处理厂（1985年）、黑河引水工程（1986年）、南大街供热站（1986年）、垃圾填埋场（1988年）、北郊变电站（1989年）等设施，开通自动无线传呼网（1992年），城市能源结构发生转型，设施类型不断完善。

（2）公共空间区位演化："非均衡"下的文体设施南扩

对比1978年与1992年的公共用地布局（图4-13），文教科研用地依然以计划经济时期的城南"文教区"为主；明城区占据了主要的行政办公用地；环城林带（长14.7米）、大庆路林地（长3.5公里，宽50米）和南郊大环河护岸林地，构成了西安内外的带状空间，初步形成了公园与林带相结合的城市绿地结构。但新建的文化体育设施主要分布在明城区和城南的文教区内，呈现重心向南迁移的特征。结合工业区拓展、商业空间布局以及道路拓展，在空间区位上城南（原文教区）逐步承担了城市重要职能，并促使了城市结构重心的向南偏移。

（3）公共空间关系演化：从线性联系到系统化

西安城市公共空间在向南偏移的同时，新建设施（尤其是文化体育设施）临近商业网点或专业市场，靠近城市南北轴线，丰富了城市南北轴线的功能。1979年西安市开启了环城公园改造，使环城开放空间带逐步形成，在空间结构上逐步形成"一环、一轴"

公共开放空间结构。此外，1978年所呈现的"三角形"空间关系在城市内部填充和道路拓展下，空间关系逐步加强。

4.4　阶段演化的"特征识别"

4.4.1　"空间格局"特征

在对本阶段城市"空间格局"过程分析的基础上，将功能区位、功能比例、地块尺度、空间强度的分析结论与西安大遗址布局、历史轴线、山水条件、城市规划等因素相关联，主要特征归纳为以下几点：

（1）避让大遗址区的空间拓展方向与功能区位特征

本阶段"外部拓展"的区域在区位上避让了阿房宫、汉长安、曲江池、大明宫等的大遗址，城市西南向成为重点拓展区，东南角拓展范围较小。同时，"内部填充"的区域也避让了一些重要的历史遗址，如八仙庵等。城市拓展方向遵从了总体规划中与历史文化遗址的保护理念，保持了城市整体的历史格局，维系了以钟楼为中心的南北文化轴线和"经纬涂制"道路网络。因此，西安市用地规模和人口规模的"增量式"发展并未影响到城市的整体结构，依然是历史遗址的空间布局发挥决定性作用。

在整体格局维持历史格局，城市的结构演化主要体现为功能布局的变化，形成圈层分异、点轴雏显的功能布局。其中第一圈层为功能综合区，集聚了居住、商业、文化娱乐等功能，现代化的城市中心雏形形成。第二圈层以单位文教和住区为核心，形成工业—居住、文教—居住、仓储—居住等不同类型的居住模式。第三圈层以工业区为核心，集聚了新建工业区和老工业区。

（2）城市性质转型下的功能比例特征

1978~1992年间功能比例演化表明，在城市向"生活性"转型下，生产性用地和生活性用地呈现同规增长的特征，生活性用地增幅是生产性用地增幅的3倍。这一土地功能类型的变化契合了本阶段城市性质的转变。

功能增补的主要方式为两种。首先，"三线工厂"回迁起到先导作用，带动了西南区域道路、居住用地的拓展，进而促使了西安电子工业为主导的产业转型；其次"内部填充"的区域以"单位"的居住为主，带动了商业、酒店用地的增加。本阶段居住、商业、公共服务等生活性功能的增加，其本质是对计划经济时期工业用地主导的城市用地构成的修正，是城市向现代化转型的需要。

（3）计划经济属性下的地块尺度特征

整体的地块尺度相比1978年变化较小，尺度变化的区域主要集中在旧城改造的明城区内，商业功能的增加，小面积的危房改造，使布局地块的尺度发生变化；在第二圈层内，由于居住模式向居住区的转型，使得新建居住地块变大；在第三圈层中，新建的工业区的尺度维系了计划下的土地划拨方式，因工业的计划区域形成10~20公顷大地块尺度，但老工业区在"厂长负责制"的推行下，部分工业工地应转变为居住用地，使得地块的尺度变小。

地块尺度的变化微小，反映了在内部更新和外部拓展中土地配置方式并未发生重大变化，呈现明显的计划经济特征。

（4）历史风貌管控下的空间强度分异特征

城市空间强度和密度的演化受制于规划管控，而规划管控强是以历史建筑、古遗址为依据。西安市在明城区内以钟楼宝顶为限，在明城区以外以大雁塔宝顶为限，这一空间强度控制在本阶段得到了较好的执行，使得城市空间强度呈现以风貌保护下的强度分异和建筑密度分异。受此影响，本阶段西安城市建筑高度以4~6层为主，明城区属于高密度、高强度的区域，第二圈层次之的特征。

此外，除了整体的历史风貌管控下的强度分异之外，因用地性质、建设时序而呈现差异。容积率方面，新建商业用地大于居住用地和行政办公大于文体、文教用地大于工业用地，差值在0.5 ~ 1之间。在建设时序上，新建用地强度高于原用地强度，呈现缓慢提升、增幅不一的特征。本阶段空间强度变化集中体现为商业空间，表明市场力的微弱性。

4.4.2 "功能类型"特征

本阶段城市空间发展是以增补"欠账"功能为主导，在向"生活型"功能转型下，生产型功能与生活型功能并轨发展，因功能类型差异而呈现不同演化特征：

第一，工业类型从"大出大进"的重工业向满足城市需求的"民用"转型，市属企业和新型企业起到先导作用，其所属的工业区成为本阶段工业发展的核心区域。以电子产业为主导的三线企业回迁，在城市边缘区集聚成新型产业区，带动了以生物工程、激光、光纤通信等主导的高新产业在临近区域的萌芽，表明产业集聚效应在工业用地发展中发挥作用。同时，由于工业在城市拓展的主导地位，边缘工业区的建设主导了城市拓展规模和拓展速度。

第二，居住以环境改善和补充欠账的用地规模为主导，建设模式向"统建"的转型下，空间布局模式从"工人新村"、"街坊大院"向"居住小区"转型，小区公共设施成为居住空间联系的纽带。伴随融资方式从"政府福利"向"单位福利"的转变，以及"单位制"的延续，加强了"单位"在居住用地演化中主导作用，由此产生单位经济效益差异下的居住分异。在单位制的居住模式下，形成职—住平衡的空间关系，降低了对城市交通的压力，维系了稳定的邻里关系，但抑制了个人择居行为。

第三，道路拓展以配合工业用地拓展为主导，在增强城市内部联系同时，网络密度重心南移，并在形制上传承"经纬涂制"道路格局。在区域层面，对铁路进行电气化改造，并修建了第一条高速公路，开启了区域联系的快捷化趋向，提升了西安交通区位优势。但同时，城市内部的道路系统性较弱。

第四，商业用地演化中，宾馆和专业市场建设成为主力军，商业类型向专业市场和综合商贸大厦转型；商业用地布局遵从了市场原则，形成以钟楼为核心的现代城市中心雏形，区级商业中心处于萌芽阶段；商业模式转变促使了新消费行为、经济行为、居住行为、娱乐行为的出现，成为城市内部的空间联系的功能载体。

第五，公共空间以初级公共设施的建设为主导，完善城市必需的给水排水、燃气供暖、电力电讯等市政设施，新建博物馆、游乐场（北方乐园）、体育馆等省级文体设施的建设。

因此，本阶段工业用地占据主导地位，引领了城市规模的扩展速度和扩展区位；居住和道路从属于工业用地的拓展和工业类型转型，以"非盈利"方式配套布局，维持了计划经济时期的空间布局模式；而商业用地和公共空间用地以新空间类型的方式，成为空间联系的纽带，构成了生活性空间的主要功能，带动了社会行为的演进。

4.4.3　阶段"特征识别"

避让历史遗址和历史风貌管控主导了西安市本阶段的城市空间结构演化，城市形态呈现中轴对称的格局，功能结构从"一城、多组团"演化为集中式的"圈层＋扇形"结构，工业布局占据支配地位，单位制依然是居住的基本单元，明城区成为商业、行政办公、居住等多功能的混合区。新建工业区（西安高新技术产业区和西安电子工业区）带动了周边居住、交通用地向南扩展，在宏观上决定了城市用地扩展速度，在微观上决定了城市用地结构形态。这一特征与本阶段的目标诉求基本吻合，反映了城市空间发展的有序性。但同时与《西安市城市总体规划（1980年—2010年）》存在偏差，出现了新的空间问题。

首先，在偏差方面，西安电子城和高新区是为适应国家政策调整和全球产业升级的需要而建设，表明西安在城市空间演化中与国家政策和全球化的同步性特征。城市功能增补是以城市紧缺的用地类型变化为主导，一方面修正计划经济时期不合理的用地比例，另一方面解决人口增加所带来的急需的城市功能。因此，功能比例的演化具有被动适应城市自身发展需求的特征，居住和公共服务设施成为主要的增长用地类型，而公共绿地的比例增幅较低，与规划的土地利用比例存在偏差。在制度设计方面，尽管进行了初步市场化的调整，但受空间演化的滞后性影响，城市空间的功能布局和社会结构具有计划安排的特征，所呈现的圈层分异并非地租效益。

其次，在问题层面，由于汉长安遗址护城河外围的绿化带未启动，使得郊区遗址周边均被工业用地包围而形成"孤岛"，其经济价值被忽略的同时，给边缘区历史文化遗存带来威胁。

4.5 本章小结

通过对 1978～1992 年间西安城市空间结构过程分析和特征识别，本章主要结论为：

第一，"空间格局"演化表明，功能区位演化以避让历史遗址为原则，在"内部填充"和"边缘飞地"拓展方式下，形成"圈层分异、点轴雏显"的空间布局，此过程是计划安排的结果，具有计划经济属性特征；功能类型在生产型用地与生活型用地并轨扩展下，功能比例趋向合理化；地块尺度呈现"地块规整、局部多元"计划经济属性；而空间强度呈现历史风貌管控下的强度分异特征；工业用地的容积率为 0.29～0.42，居住用地为 1.3～1.7，商业用地为 1.5～2.0。

第二，"功能类型"演化表明，工业用地占据主导地位，引领了城市规模的扩展速度和扩展区位。工业用地以老工业区内的"军转民"和新工业区内"新型产业"入驻为脉络，促使了空间布局的外圈层化特征。居住、道路从属于工业用地的拓展和工业类型的转型，以"非盈利"方式配套布局，维持了计划经济时期的空间布局模式。其中居住模式从"新村"、"工人街坊"向功能复合的"居住区"转化；道路结构延续了西安古城"经纬涂制"的整体格局，城市南北之间的联系加强；而商业空间从"分级布点"向"轴向拓展"转变，以服装、副食等为主导的专业市场和现代城市中心雏形形成；公共空间以初级公共设施的建设为主导，它与商业用地成为城市空间联系的纽带，带动了社会行为的演进。

第三，"特征识别"表明，避让历史遗址、遵从历史风貌保护成为本阶段城市空间结构演化的主线；城市结构从"一城、多组团"演化为集中式的"圈层+扇形"结构；郊区历史遗址被工业用地包围，历史遗址保护呈现"被动式"的特征，其与城市的产业结构并未形成明显关联。本阶段圈层分异是计划安排结果。

5 1992～2002年西安城市空间结构演变分析与特征判识

　　1992～2002年属于社会主义市场经济体制构建时期,内陆"土地有偿使用"(1993年)、"分税制"(1994年)、"住宅商品化"(1998年)等与市场化相关的制度相继实施,城市空间发展进入了以土地为载体的"增长主义"时期,土地使用性质的复杂化凸显。在西安层面,1992年西安被确立为内陆开放型城市,城市空间骨架在"二环"与"三环"同步建设下急速拉大,开启了以开发区为主导的城市空间扩展方式,空间发展趋向区域化。与此同时,1999年国家启动了西部大开发政策,2001年中国加入WTO,为西安的新兴产业和外向型产业的快速发展提供了条件。这种宏观背景的差异,从根本上改变了西安城市空间发展动力,导致1992～2002年与1978～1992年西安城市空间结构演进的差异性。

　　本章以1978～1992年为研究时段,延续"发展背景"—"过程分析"—"特征识别"的研究路径,通过对"空间格局"的功能区位、功能比例、地块尺度、空间强度的演化过程分析,判识1992～2002年西安城市"空间格局"演化的特征;同时,以工业、居住、道路、商业、公共空间为载体,总结"功能类型"的演化特征;在此基础上,通过"空间格局"和"功能类型"特征的叠加,识别1992～2002年间西安城市空间结构的特征。

5.1　城市"经济—社会"背景

　　社会观念或意识形态作为决定个体或群体决策的一个更深层面的重要因素影响着城市空间的形成和配置效率[19]。本阶段西安城市经济—社会发展脉络主要体现为以下方面:

5.1.1　经济体制转变

　　1992～2002年的制度变迁对土地、户籍、税收等制度进行市场属性的根本性改革,确立了以"增量发展"为主导的城市空间发展机制,主要包括土地有偿制度的实施(1993年)、财政分配的"分税制"改革(1994年)、住房制度的货币化改革(1998年)。经济体制的转变,重构了国家与政府、政府与企业、企业与市民等社会关系。首先,1993年西安土地有偿制度的施行，促使了功能空间基于"地租竞价原理"下的空间区位重构，政府成为土地的供给方和收益方，从土地交易中获取财政收入逐步成为政府财政收入的重要来源，促使了政府角色转型。其次，1994年"分税制"的实施，赋予地方政府更多的资源配置能力，它与土地有偿使用结合，加速了政府的企业化转型。政府为促进城市经济增长，普遍采取以土地吸引投资的城市经营策略（张庭伟，2001），开启了以开发区为主导的城市建设模式。最后，1998年住房制度的"货币化"改革，终止了单位制福利房分配的传统，住房进入商品化时期，单位社区向混合型的综合社区转型，住房价格开始发挥其市场调配作用，住房从消费功能向"赢利"功能转化，居住空间分异从"单位"差异转向居住主体的经济收入差异。

5.1.2 价值体系转变

在制度的分权化与市场化调整塑造了地方政府作为公共主体与经济利益主体的双重身份，城市空间演化呈现明显的利益驱动性的特征。同时，社会收入分配的不平等、城市贫困与失业人口的大量增加，使得社会极化及其对居住空间分布的影响开始凸显。

在空间的价值认识方面，土地有偿使用促使了土地的资本化，空间成为城市政府主要的"资产"。为发挥空间的直接与衍生价值的最大化，政府通过规划干预、城市经营策略和垄断土地一级市场，提高土地价值以壮大地方政府的财政收入。而城市以空间供给支撑城市化的内需，以空间重组来提升"中心城市"的区域竞争力，城市空间的经营成为主要的目标导向。

5.1.3 城市规划"区域化"转变

在市场化与分权化的制度变迁下，空间规划作为政府干预城市空间价值的工具被提升，成为提升土地经济价值的"先期诱导性作用"。为满足地方政府诉求，出现了法定规划之外的其他类型规划，如城市发展战略规划、城镇群与都市圈规划、行为规划等。在理论层面加强对西方理论与方法的全面引介，尤其关注与中国城市空间问题相似的解决方法。

在此背景下，西安于1992年开始编制《西安城市总体规划（1995年—2020年）》，主要内容为：

第一，在城市性质方面，进一步突出西安的历史文化名城性质，确立为"世界著名古都，历史文化名城，国家高教、科研、国防科技工业基地，建设成为具有历史文化特色的国际性现代化大都市"[213]。

第二，在城市结构方面，提出"以明西安城方整的城区为中心，继承唐长安城棋盘式路网和轴线对称的布局特征，新区围绕旧城，发展外围组团"的整体结构，构建以中心市区为核心，周围环绕 11 个组团的城市格局，城市主要拓展方向确立为南向和北向。

第三，在城市规模方面，确立 2000 年市区人口 270 万，用地 227.9 平方公里。将中心城区周边的长安、临潼、户县、高陵等区县邻近西安的重点地段进行控制 [213]。

第四，在功能结构方面，规划四个外向型功能新区，即高新技术产业开发区、经济技术开发区、旅游度假区（曲江、未央湖、半坡湖等）、中央商务区（南郊）。

第五，在交通体系方面，构建面向国际的航空运输中心、国内重要的公路和铁路交通枢纽、西部最大的物流中心。城市内部构建"棋盘 + 环 + 放射线"的交通骨架，形成"两轴、三环、一高、一绕、六纵、七横、八射线加旅游环线"的道路格局 [213]。

与上一版西安城市总体规划比较，该规划强化了历史遗址的产业转向，强化了"增量扩充"目标导向（城市规模是上版的 1.7 倍左右），将中心城区临近区域纳入到城市建设用地控制范围，注重城市区域发展与统筹。

5.2 "空间格局"演化过程分析

在土地有偿使用制度的推行下，城市空间发展变为一种主动空间"寻租"过程，开发区的建设模式契合了时代需求，成为 1990 年以来中国城市普通拓展的主导方式。1992 ~ 2002 年间西安新设了曲江旅游度假区（1993 年）、西安经济技术开发区（1993 年）、浐河综合经济技术开发区（1994 年）、灞桥产业园（2002 年）等不同类型的开发区（表 5-1）。在此过程中，1992 ~ 2002 年间城市建设用地扩展了 96.34 平方公里，年平均增长 10.70 平方公里，分别是 1978 ~ 1992 年时期的 2.96 倍和 4.65 倍。城市拓展范围主要集中于城市的西南、东南、正北的边缘区，为主要开发区的区域（图 5-1 ~ 图 5-3），空间发展方式具有明显的"边缘飞地"和"跳跃飞地"特征。在城市空间快速拓展下，西安建成区范围南与长安县连接，临近终南山；东与纺织城连接，浐河和灞河逐步变为内河；北与渭河邻近。在此背景下，功能区位、功能比例、地块尺度等均发生变化：

1992~2002年西安开发区及新区发展内容　　　　　　　　表5-1

名　称	设立年份	级别	距离（公里）	类型及特点
西安高新技术产业开发区	1988	国家级	6.5	开发区型：以高新技术产业、装备制造业为主导的产业空间拓展
西安经济技术开发区	1993	国家级	8.5	
曲江新区	1993	国家级	5.5	重大项目推动型：以历史文化遗产的保护、生态环境的整治等重大项目为动力推动新区的建设
灞桥产业园	2002	省　级	11	
浐河综合经济技术开发区	1994	省　级	8	乡镇整合性：将原有的城镇进行改造，通过延伸产业链，优惠产业结构，增强经济活力，实现综合性新区的模式

（资料来源：李婷.1990年代以来西安边缘新区空间发展研究：以西安经济技术开发区为例[D].西安建筑科技大学，2014：15-17.）

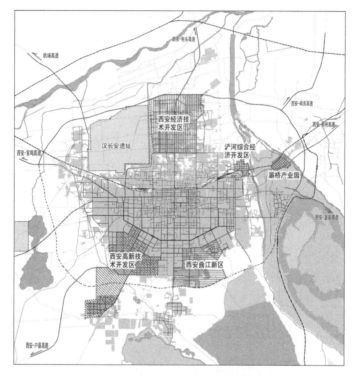

图 5-1 1992～2002 年西安城市开发区区位图

（资料来源：根据《西安现状图(2002年)》、《西安统计年鉴》、西安卫星照片等相关内容绘制）

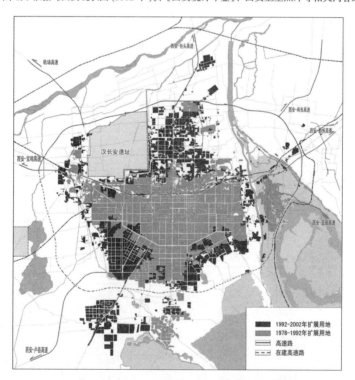

图 5-2 1992～2002 年西安城市用地扩展图

（资料来源：根据《西安现状图(2002年)》、《西安统计年鉴》、西安卫星照片等相关内容绘制）

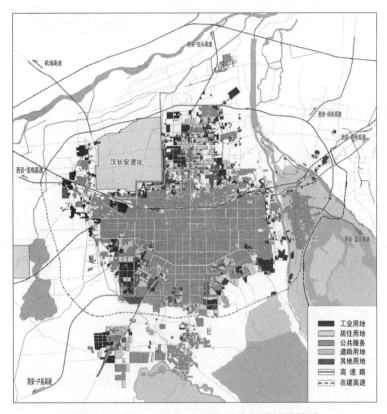

图 5-3 1992～2002 年西安城市用地扩展性质

（资料来源：根据《西安现状图 (2002 年)》《西安统计年鉴》、西安卫星照片等相关内容绘制）

5.2.1 功能区位演化

在功能重构和重心位移的背景下，本阶段圈层化格局更具明显（图 5-4），圈层半径整体外延 1～2 公里（图 5-5、图 5-6）。其中，第一圈层以明城区为主导区域（距钟楼半径约 1.5 公里的范围），为城市中心，百货大厦、商业步行街占据了主要比例，分布于以钟楼为中心的东、西、南、北大街，并与解放路的传统街巷形成网络化城市商业中心；同时，以回民坊、碑林传统院落在功能置换中被保留，居住用地占据一定比例。第二圈层为"二环"与"一环"的区域（距钟楼半径约 7～1.5 公里范围），是城市功能置换的重点区域，大量新建商品房集中，功能以居住和公共服务为主导；同时也是"单位住房"和文教用地的集中区，具有明显的功能混合特征。第三圈层是"二环"与"三环"之间的区域（距钟楼半径 7～11 公里的范围），为城市外部拓展的主要区域，功能以工业和居住为主导，是新型产业和老工业区的集中区。

在功能圈层的位移与内部功能重构下，城市发展轴线和城市中心形成，城市轴线贯穿城市圈层，主导城市的空间关系。

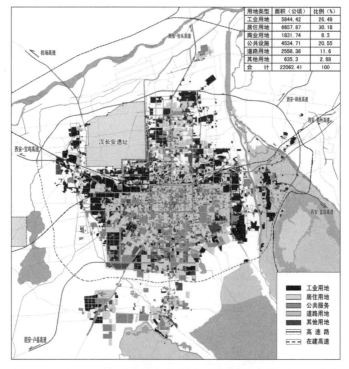

用地类型	面积（公顷）	比例（%）
工业用地	5844.42	26.49
居住用地	6657.87	30.18
商业用地	1831.74	8.3
公共设施	4534.71	20.55
道路用地	2558.36	11.6
其他用地	635.3	2.88
合　计	22062.41	100

图 5-4　1992~2002 年西安历年城市土地利用现状图（2002 年）

（资料来源：根据《西安现状图（2002 年）》《西安统计年鉴》、西安卫星照片等相关内容绘制）

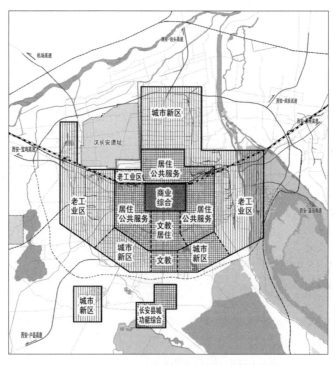

图 5-5　1992 ~ 2002 年西安城市功能分区图

（资料来源：根据《西安现状图（2002 年）》《西安统计年鉴》、西安卫星照片等相关内容绘制）

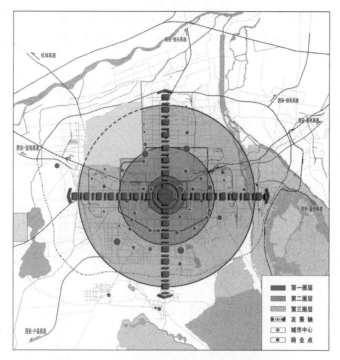

图 5-6 1992～2002 年西安城市功能结构图

（资料来源：根据《西安现状图（2002 年）》、《西安统计年鉴》、西安卫星照片等相关内容绘制）

5.2.2 功能用地比例演化

功能比例通过用地比例与区位，判识功能结构特征。以总量比例、圈层功能比例、人均比例为脉络，其主要变化体现为：

第一，在总量变化方面，1992～2002 年城市用地总量的增长率为 77.3%，除道路用地之外，其他功能的用地面积增长率均超过 55% 以上，其中商业用地、公共设施用地、居住用地的增长率分别为 1010%、99%、82%，达到历史最高，增量扩充成为核心特征。此外，各功能用地比例表明，居住用地、商业用地、公共设施、道路用地的比例均有所提高，商业用地从 1992 年的 1% 上升到 2002 年 8%，比例增幅最大，而居住用地从 1992 年的第二上升到 2002 年的第一，工业用地比值降低占据第二（表 5-2）。在纵向方面，用地比例均在规范范围内，表明 2002 年西安城市功能用地比例合理，土地利用具有多元化、综合化的特征。

第二，在圈层功能比例方面，将各圈层的用地统计表明（表 5-3），工业用地主要分布在第三圈层，居住用地、商业用地、公共设施、道路用地依圈层序列呈递减特征，但在第一与第二圈层内变化较小。因此，第一与第二圈层中各用地比例均衡，功能综合，而第三圈层工业占据主导。

1992～2002年西安城市功能比例演化表　　表5-2

年份	工业用地		居住用地		商业用地		公共设施		道路用地		其他用地	
	面积（公顷）	比例%	面积（公顷）	比例%	面积（公顷）	比例%	面积（公顷）	比例%	面积（公顷）	比例%	面积（公顷）	比例%
1992	3771	30	3652	29	165	1	2280	18	2369	19	192	2
2002	5844	26	6658	30	1832	8	4535	21	2558	12	635	3
增长率（%）	55		82		1010		99		8		231	

（资料来源：根据1992年和2002年《西安土地利用现状图》》实测数据绘制）

1992～2002年西安城市功能类型圈层布局比例表　　表5-3

	工业用地		居住用地		商业用地		公共设施		道路用地		其他用地	
	面积（公顷）	比例%	面积（公顷）	比例%	面积（公顷）	比例%	面积（公顷）	比例%	面积（公顷）	比例%	面积（公顷）	比例%
第一圈层	15	1	500	43	131	11	281	24	222	19	20	2
第二圈层	1086	15	2514	35	702	10	1743	24	856	12	315	4
第三圈层	4743	35	3643	27	999	7	2511	18	1477	11	300	2

（资料来源：根据《西安土地利用现状图（2002年）》实测数据绘制）

第三，在人均用地方面，对比1978年、1992年和2002年的各类用地的人均指标表明，2002年的人均指标除道路之外，其他均有提高，但与现行城市人均用地标准相比，均低于国家标准（表5-4），属于人均用地少、土地利用高强度的特征。

1992～2002年西安城市人均用地面积演化表（单位：平方米/人）　　表5-4

	工业用地	居住用地	商业用地	公共设施	道路用地	总用地
1978年	15.66	12.92	0.5	7.62	5.93	43.64
1992年	8.78	8.50	0.38	5.31	5.51	28.93
2002年	11.75	13.39	3.68	9.12	5.14	44.36
1991年《城市用地分类与规划建设用地标准》	10～25	18～28	—	—	7～15	75～90

（资料来源：根据1978年、1992年2002年《西安土地利用现状图》实测数据绘制）

5.2.3　地块尺度演化

以用地为载体，从整体空间尺度、地块尺度、圈层尺度、空间体系4个方面对2002年西安城市空间尺度进行研究，主要特征体现为：

　　第一，城市尺度方面，2002年西安实测建设用地规模为220.62平方公里，比1992年增长96.34平方公里，增长率为77%；人均用地为44.36公顷/人。建成区南北长约29公里，东西长约26公里，整体呈圆形；城市边界以在建"三环"为地理范围，被山水条件所界定，东接"纺织城"与南接"长安县"。本阶段西安城市空间尺度急速扩大，城市边界趋向圆形。

　　第二，圈层尺度方面，对比1992年的相应数据表明（表5-5），第二与第三圈层的尺度急速增长，增长率均超过85%；同时，地块数量增长率均超过280%。这一数据表明，本阶段城市圈层尺度在扩充的同时地块尺度在变小，具有碎片化的特征；其中第三圈层的尺度增长最快，第二圈层次之，第一圈层尺度变化不大。

1992～2002年西安城市圈层尺度演化表　　　　　　　表5-5

	第一圈层		第二圈层		第三圈层	
	面积（平方公里）	地块数量	面积（平方公里）	地块数量	面积（平方公里）	地块数量
1992年	11.70	240	38.51	297	74.03	657
2002年	11.70	191	72.15	2505	136.74	2496
增量率（%）	0	-20	87	743	85	280

（资料来源：根据1992年和2002年《西安土地利用现状图》的实测数据绘制）

　　第三，地块尺度方面，2002年西安城市用地实测尺度表明（表5-6），地块尺度在0.3～30公顷之间变化，并与区位差异呈现不同的主导尺度。第一圈层、第二圈层、第三圈层的地块尺度依次为0.3～15公顷、0.5～30公顷、3～25公顷，整体较1992年的相应尺度变小。同时，地块尺度因功能类型差异也呈现不同的尺度。其中，工业地块和居住地块呈现"内小外大"的特征，商业地块尺度在第一圈层最大，公共空间地块尺度在第二圈层最大；与1992年的相关数据对比，商业地块尺度变化，工业用地尺度变小。

1992～2002年西安城市地块尺度及圈层布局比例　　　　　表5-6

		工业用地		居住用地		商业用地		公共用地	
地块数量（个）		1328		1904		1176		1572	
地块尺度（公顷）		0.3～25		1～18		0.5～18		3～30	
区位	第一圈层（公顷）	0.3～1.5	28	1～5	384	4～15	242	1～10	327
	第二圈层（公顷）	1～10	486	3～15	871	0.5～8	498	3～30	650
	第三圈层（公顷）	3～25	814	8～18	649	3～18	436	3～20	595
建设时序（公顷）		新建＜原建		内部＜外部		内部＞外部		类型差异性	

（资料来源：根据《西安现状图（2002年）》实测数据整理）

第四，空间体系方面，工业用地逐步从第一、第二圈层中转移到第三圈层，集聚成工业园；居住用地占据第一、第二圈层的主导功能，在空间分布上呈现外部规整、内部破碎，而商业用地在明城区内聚集，与公共空间相结合形成现代商业商业中心，与第二圈层内的专业市场、酒店旅馆形成现代商业体系；文体设施也形成"省级—市级—区级"空间体系。

地块尺度研究表明，1992～2002年间西安城市地块尺度与功能性质、空间区位、开发模式相关联，呈现不同圈层下的尺度分异，原有的"单位"体系下的大空间尺度逐步被市场化下的小尺度所代替，空间在地块尺度规整与破碎下形成有机的城市体系。

5.2.4　空间强度演化

在城市空间建设"盈利"转向，新建居住、商业用地的空间强度普遍提高，成为城市空间强度的主导类型。而工业用地在产业类型升级与土地价值的导向下，土地利用趋向集约化，整体呈现点轴引领、区位分异的特征。

第一，点轴引领下的空间强度分布。伴随西安城市商业中心与商业轴线的发育，城市商业体系逐渐成熟。在市场原则和交通原则影响下，与之临近的居住、商业等用地，普遍通过提高土地利用强度实现空间价值的最大化，形成以"点"、"轴"为主导的强度分异。同时，居住、商务、行政等用地丰富了"点"和"轴"的功能内容，进一步提升了土地价值，促使空间强度提高，呈现"点状"和"线状"强度集聚特征。在整体特征上，2002年西安城市的"点状"、"线状"强度分布区与城市空间结构相吻合，形成"一心、三纵、三横"的点轴强度分布。在局部区域内，因公共空间集聚而形成局部地段的"点状"、"线状"高强度区。

第二，区位分异下的强度分布。伴随城市功能空间的圈层特征，空间强度也呈现圈层下空间分异（表5-7）。同时，受《西安市控制市区建筑高度的规定》（1986年）等相关空间强度管制的影响，第一圈层因历史遗存而受到空间强度控制，整体上第二圈层空间强度高于第一、第三圈层，而第一圈层又高于第三圈层的空间强度分异特征。除了圈层差异的空间强度差异之外，交通可达性好、环境良好的区域，空间强度较高，体现为沿城市主干道、开放空间区域空间强度级差分异。

1992～2002年西安城市扩充用地空间强度　　　　　　　　表5-7

类　型	工业用地	居住用地	商业用地	公共用地
容积率	0.3～0.8	1.3～1.7	1.5～2.0	0.5～0.8
建筑密度（％）	20～40	15～20	—	15～30
建筑高度（层）	1～6	6～24	3～24	5～6

（资料来源：根据《西安土地利用现状图（2002年）》实测数据整理）

5.3 "功能类型"演化过程分析

5.3.1 工业空间演化

地图复原的实测数据表明,西安市工业用地规模从1992年的37.71平方公里(3.34%)增长到2002年的58.44平方公里(20.49%),年均增长2.3平方公里,是1978～1992年时期的6.76倍。本阶段工业空间发展过程主要体现为三个方面内容:依托边缘新区的外部拓展;老工业区的功能置换(1996年开启);二环以内旧城区功能置换(图5-7)。

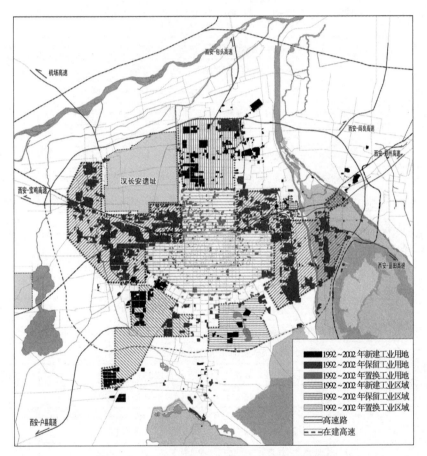

图5-7　1992～2002年西安工业用地扩展图

(资料来源:根据《西安现状图(2002年)》、《西安统计年鉴》、西安卫星照片等相关内容绘制)

第一,在外部拓展方面,拓展区位主要集中在西安高新技术产业开发区(以下简称"西高新")和西安经济技术开发区(以下简称"西经区")内(见表5-8)。其中,西安高新区在1991～1996年间完成一期(2.7平方公里)建设,主要建设台湾工业园、西安交大科技园,并将1984年开建的西安电子工业区纳入其统一管理;1997～2000年间完成二

1992～2002年西安工业空间发展历程　　　　　　表5-8

名称	内　　　容	年　份
西安高新技术产业开发区	一期2.7平方公里建设	1991～1996
	西安电子工业区归属西安高新技术产业开发区统一管理（整合）	1993
	台湾工业园、西安交大科技园建设（外资）	1996
	二期7.8平方公里建设	1997～2002
	西安清华科技产业园成立（面积10公顷，首批加入APEC网络）	1997
	西安航空港仓储货运中心建设（占地约2.56公顷，建筑面积4万平方米	1998
	电子园4.2平方公里建设	
	西安软件园（占地3.33公顷、建筑面积3.4万平方米）、长安科技产业园奠基（规划占地7333公顷，校企合作）	2000
	上岸科技园（新型工业园）建设（4.6平方公里）	2000～2003
	光电子园、大唐电信科技产业园建设（西北规模最大）	2001
	西安高新技术产业开发区三期建设启动（面积13平方公里）	
	西安国家环保产业园举行授牌（第四个国家级环保产业园，三期）	
	西部电子商业步行街建成开业（标志着新阶段）	
	紫薇田园都市开盘（容纳约5万人）	2002
西安经济技术开发区	西安经济技术开发区成立（距市中心5公里，规划面积为10.51平方公里）	1993
	西安"城运村"一期建设（建筑面积1.8万平方米，西安市最大的室内体育馆）	1996～1998
	西安市图书馆建设（占地3公顷，总建筑面积1.3466平方米）	1998～2000
	西安未央工业区建设（总规划面积2.6平方公里，距西安市区5公里）	1999
	"泾河工业园区（南区）规划"报批（规划总面积12.5平方公里）	1999
	"西部大学城"建设（计划征地4002公顷）	1999
	西经区城市广场建设（占地35.33公顷）二期启动（21.74平方公里）	2002
曲江旅游度假区	西安曲江旅游度假区获省级批准（规划面积15.88平方公里）1996启动	1993
	长安（大唐）芙蓉园建设（占地66.53公顷，1996年）	1998
	曲江国际会议中心暨曲江宾馆竣工（占地133.33公顷）	1999～2000
	大雁塔北广场及周边整体改造工程启动（占地约67公顷）	2002
浐河综合经济开发区	开发区一期规划面积3.86平方公里，由工业区、商业街、旅游度假区三部分组成；二期规划面积15平方公里，以发展生态经济为主。	1994
	颁布《西安浐河经济开发区暂行管理办法》，开发区享有市级管理	1998
灞桥产业园	批准为省级开发区（核心区域规划面积为9平方公里）	2002
老工业区	首批确定中国标准缝纫机公司、西安第一印刷厂、陕西鼓风机厂、西安化工厂、西安电机厂等10家企业为现代企业制度试点单位	1993
	西安第一印刷股份公司国有企业挂牌（首家股份合作制）	1997
	西安市莲湖区工业园启动（西郊）	1998
	西安矿山机械厂完成股份制改造（首家实行零资产转让改）	
	西安市联合运输中心挂牌营运（"先股后租"股份合作制企业）	

（资料来源：根据《西安与我8：城建纪事》第72～141页相关内容绘制）

期（7.8平方公里）建设，主要建设了电子园、西安软件园、长安科技产业园、上岸科技园、光电子园、大唐电信科技产业园；2001～2002年进入三期（13平方公里）建设。一期、二期建设遵循"点—轴"、"渐进外延"拓展的发展时态，但在三期建设了远离启动区的长安科技产业园，呈现跳跃式的发展态势。

而本阶段西经区的建设历程与高新区不同，呈现两个阶段：1993～1999年为奠定基础阶段[214]，主要依托工业重大项目（西门子信号有限公司、西安中萃可口可乐饮料有限公司、乐百氏（西安）食品有限公司、西菱输变电设备制造有限公司、西电三菱电机开关设备有限公司、西安顶津食品有限公司、西安米旗食品有限公司、西北复合包装有限公司、陕西中财印务有限公司、陕西省卷烟材料厂、西安塑料制品工厂、西安北方药业有限公司、西安花蕾绒线有限公司、华山机械厂）的入驻，形成以食品饮料企业、机电产业、高新技术企业为支柱的产业体系，并启动了"西安未央工业区"和"泾河工业园区"的建设，呈现"块状飞地"的发展时态；2000～2002年间为加速开发阶段，新建了西罗航空部件有限公司、西安吉城锅炉机厂、龙联玻璃制品厂，呈现"成片飞地"发展时态。此外，省属沪河综合经济开发区以形成了工业规模，而灞桥产业园处于启动阶段。

第二，老工业区的功能置换方面，普遍采取土地性质变换的方式获取生产要素，分为整体搬迁和部分用地置换两种方式。西安钢厂、陕西钢铁厂的实施了整体搬迁，土地地性质进行了完全置换；而韩森寨工业区、西电工城大庆路段[192]临近二环以内部分用地，置换为商业和居住。在此过程中，国有企业发生了重大调整，自1996年以来进行股份制、分税制、大包干等多元化调整，截至2001年底改为股份制11户、股份合作制30户，未改制的国有企业170户，占企业总数68%。

第三，"二环"以内的工业用地，在"退二进三"的发展策略导向下，逐步被外迁或更替，与老工业区的转型同轨进行。

工业空间的外部拓展与内部重构，使传统重工业类型逐步减少，高新技术和新型产业制造的产业类型比重不断上升，逐步形成了以交通运输、电子信息、航空航天、生物医药、食品饮料为主的工业体系。

（1）工业空间区位演化：从"外圈层"到外扩下的"外圈层"

1992～2002年工业区位发生显著郊区蔓延，形成以园区为单元"外圈层"格局，范围限定在城市"二环"与规划"三环"之间的区域内，围绕明城区相拱而立的格局；但与第一阶段的圈层相比，半径变为4.5～11公里，向外位移约1公里(图5-8)。在区位演化中，新建工业用地在区位上主要依托高新区和西经区的建设，集中于离城市中心的7～10公里的西南和城北；在发展历程上，1992～1996年间工业用地拓展区域为西南角的西高新（唐延路以西及电子城内），1997～2002年间城市西南、东南和城北同步拓展。老工业区主要布局在城市东、西两翼，以东部纺织城、西部三桥为中心。在产业类型上，制造业、装备产业主要集中在城市北部的经济开发区的一、二期范围内，呈片状布局。

区位演化表明，首先，工业空间的区位演化改变了"填充式"发展格局，而是依托新区的产业定位和发展时态而展开，使工业用地成为1992～2002年驱动西安城市空间结构发展的新兴动力和经济增长极。与此同时，老工业区在产业转型下逐步退出主导地位，其土地功能被其他城市功能所更替，因此，工业用地位移过程是新产业类型释放活动和老工业类型被更替的过程。其次，新建工业用地在区位上摆脱了对铁路的依赖，转向与高等新学府、科技院所等科研机构的协作；再次，由于城市边缘地带的土地价格低廉，为工业圈层位移提供的条件，工业用地的圈层式位移遵从了"地租竞价原理"的区位择址，这与计划经济下的国家统包下的工业区位演化不同；最后，区位演化的方式从"填充"转向"边缘飞地"、"跳跃组团"等方式。

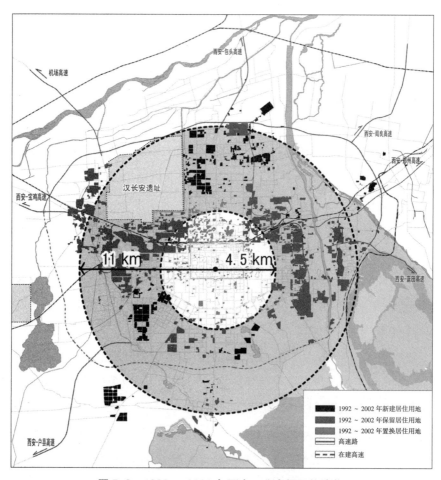

图 5-8　1992～2002 年西安工业空间区位演化

（资料来源：根据《西安现状图（2002年）》、《西安统计年鉴》、西安卫星照片等相关内容绘制）

（2）工业空间关系演化："连续空间"到"空间协作"

第一，在新区建设（西高新和西经区）主导下，工业用地与居住、商业、公共设施同步建设，形成功能互补。此外，新建工业用地布局在城市边缘，便于旧城区的城市功能形成互补的同时，也成为老城区工业用地迁移区域。

第二，圈层式的工业布局以"二环"路为纽带，形成连续空间，并在"园区化"的聚集模式下，形成工业郊区化和用地集中化的发展时态，加速了空间格局的有序转型。

第三，工业园区建设充分依托教育科研资源，建设与高校、科研单位合作下的工业园区（西安交通大学、西北工业大学、电子科技大学等大学科技产业园区），促使工业空间的多元化。

第四，在全球化的产业转移下，西安积极引进外资企业，建设外资主导工业园区（台湾工业园），外资流入与企业入驻，促进了西安工业的全球化进程。

本阶段西安工业空间关系演化表明，在城市内部，工业空间因功能互补、人力资源协作、园区化建设模式形成了"空间协作"下的空间联系，而在城市外部以资本为纽带形成全球化的产业关联。

（3）工业空间强度演化：缓慢提升

受工业类型、空间区位、建设时序、交通条件、土地价格等因素的影响，工业用地空间强度呈现差异化特征。整体上，边缘区域＜临近"二环"区域、老工业区＜新建工业区、传统工业型＜高新技术产业型；城北区域＜西南区域。以高新区一期的工业用地为依据，工业用地的空间强度在0.5～0.8之间。与"内容填充"时期相比，容积率得到整体提升。

5.3.2　居住空间演化

在1978～1992年，居住建设主要围绕"三三制"的住房改革和"统建"模式的推广而进行，催化了住房市场化的萌芽，但住房分配依然是以"实物分配"为主体，居住建设处于"被配套"的角色之中，空间分异体现为"单位"效益差异。进入1992年以后，国务院先后于1991年和1994年提出住宅商品化、社会化的改革方案。与此同时，西安颁布实施《西安市城镇住房制度改革方案》（1992年），并推行住房公积金制度。1998年通过《关于进一步深化城镇住房制度改革加快住房建设的通知》完成了住房商品化的本质改革。住房改革使住宅建设从"福利"型转向"盈利"型、从"被动配套"转向"主动引导"，在此背景下，以住宅为主导的房地产开发收益逐步成为重要的财政来源。

在工业用地的内部置换、住房商品化、住房价值驱动等一系列发展语境下，西安在

1992～2002年居住建设发展迅速（图5-9）。地图复原的实测数据表明，居住用地规模从
1992年的36.52平方公里（29.38%）增长到2002年的66.58平方公里（30.18%），年均增
长2.34平方公里，是1978～1992年时期的3.49倍。

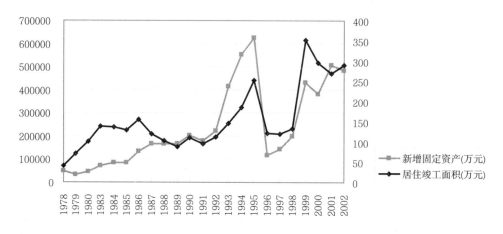

图5-9　1992～2002年西安居住建筑面积演化图

（资料来源：根据《西安统计年鉴》（1993～2003年）相关数据绘制）

（1）居住建设历程与区位演化：从"圈层"位移到"飞地"郊区化

以西安居住建设的大事件为依托，1992～2002年居住空间发展的主要内容为三个：
围绕开发区为主导的商品房配套建设；围绕住房制度改革的保障性住房建设；围绕旧城更
新的危改房及"城中村"改造。

第一，在商品房建设中，由于其投资主体（开发商）的趋利性，其开发建设多选择
城市基础设施、服务设施完善、人居环境良好的地段，而"一环"与"二环"之间的区
域具备了商品房开发的先决条件，成为商品房建设的主要区域，也成为工业用地进行居
住功能置换的区域，引发了居住圈层的外延拓展。另外，在西经区和西高新的新区建设中，
居住用地作为新区建设先导功能，出现以紫薇花园（西高新）和雅荷花园（西经区）为
代表的新区内的居住聚集区和"跳跃组团"（图5-10、图5-11）。因此，在区位上，商品
房建设界定了居住圈层的半径，跳跃式居住组团离中心区12～16公里的范围内，表征
了居住的郊区化趋势。

第二，西安保障性住房建设与住房补贴货币化改革同年开始，开始于1998年，每年
以约200万平方米的建设面积稳步推进，在区位上主要分布在城西和西南区域的郊区。

第三，在旧区重构方面，主要方式包括危旧房改造、老城区内填充插补和"城中村"
改造。其中危旧房改造主要以疏解中心区人口为主导，危旧房住户向明城墙外、二环外

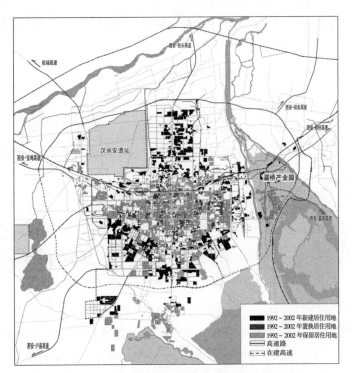

图 5-10 1992 ～ 2002 年居住用地建设类型图

（资料来源：根据《西安现状图（2002年）》、《西安统计年鉴》、西安卫星照片等相关内容绘制）

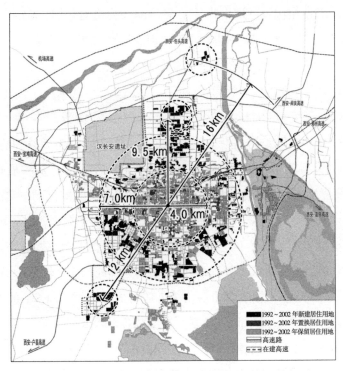

图 5-11 1992 ～ 2002 年居住用地的时空演化图

（资料来源：根据《西安现状图（2002年）》、《西安统计年鉴》、西安卫星照片等相关内容绘制）

的新开发住宅区疏散。同时，在土地有偿使用的价值导向下，明城区内各行政机关和企事业单位长期无偿占有的大量闲置土地开始被开发利用，进行"填充插补"式的建设。而一些新开发住宅项目也以"见缝插针"的方式在二环以内的老城区兴建。"城中村"改造始于2002年，位于市中心的有55个。

除了居住空间发展的主要内容之外，在建设时序上，邢兰芹等人的相关研究表明，本阶段居住空间演化因建设区位差异而呈现三个阶段（图5-11）：第一阶段（1992～1994年）主要分布在二环以的区域，项目数量为46个；第二阶段（1995～1998年）建设区域超出二环线并向第三圈层蔓延，建设项目为166个，占到二环线外所有开发项目数的44.9%；第三阶段（1999～2002年）主要分布在二环线之外的新区范围（西高新、西经区、曲江新区）区段，同时，三环线之外也陆续出现了一些住宅别墅、高档住区项目，建设项目为311个[149]。在整体的空间布局上，居住用地主要集中在碑林区、雁塔区、莲湖区、新城区，用地比例分别达到37.3%、26.1%、23.12%、23.8%。除此之外，在空间布局中具有明显的轴带特征，老城内主要沿友谊路南北、金花路和劳动路东西两侧布局；二环以外主要沿高新路、山门口路及雁塔路两侧形成大型居住片区。未央区、灞桥区居住用地比例明显偏低，分别为3.4%、3.71%[173]。

在不同内容和区位的居住空间变迁下，2002年的居住空间呈现"内圈层"的空间布局。与1978～1992年时期相比，圈层半径从1992年4.5公里演化到2002年7公里，其中新建居住用地圈层半径在4.0～7.0公里之间，"填充"、"飞地"成为主要拓展方式。这一特征表明，居住空间发展遵从市场经济下的居住空间分异，构建在低价之上的居住空间拓展成为本阶段居住拓展原则。

（2）居住形态与强度演化：从"单位"分异到"区位"分异

在1978～1992年时期，居住形态的差异是因"单位"经济效益和建设时序而产生，整体表现为"福利型"的形态差异。而在1992～2002年，住宅从"福利"型转向"盈利"，大量房地产公司兴起，居住用地在城市用地功能置换的催化下，交通良好、配套齐全、环境优美的"区位"逐步被居住用地置换，产生了因"区位"差异下的低档、中档、高档等不同居住分异空间（图5-12）。本阶段低档、中低档住房主要分布二环线以内的老城区，而高档住宅则集中在"依山"（城西南秦岭南麓沣峪口）、"傍水"（北边泾、渭、浐、灞河交汇口一带）、"环湖"（城东南曲江旅游度假区内）区域，81.8%的安居项目位于二环线以外地段。在居住类型的空间分异下，空间强度与类型相关联，新建居住用地整体呈现"中低档"高强度，远郊别墅区低强度的特征。在区位上，二环沿线成为居住高强度的区域，明城区由于受保护高度的限制，容积率变化不大。

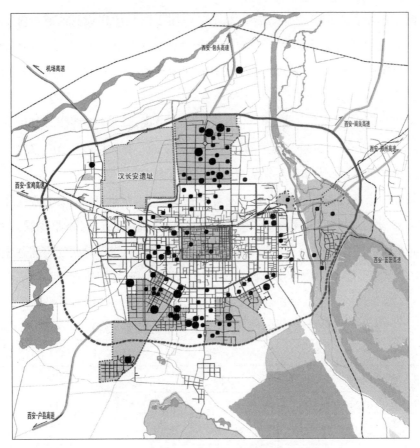

图 5-12　1992 ～ 2002 年商品房空间分布图

（资料来源：根据《西安现状图 (2002 年)》、《西安统计年鉴》、西安卫星照片等相关内容绘制）

　　围绕 1992 ～ 2002 年建设的时间维度上也呈现差异性。西高新在 1978 ～ 1992 年时期主要类型为城中村改造住区、多层住宅住区和单一的别墅住区；在 1992 ～ 2002 年时期，居住形态转变为纯板式小高层小区（西安高科新花园，平均 11 层）、点板结合的居住小区（枫叶新都市，板式住宅 7 层或 11 层，点式住宅超过 27 层）和纯点式高层住区（枫叶新新家园，33 层）等多元化 [194]。西经区和曲江新区在 1992 ～ 2002 年期间属于起步阶段，整体容积率较低，西经区内布置了很多"单位"福利房。

　　居住空间形态及强度演化表明，区位成为本阶段形态及强度的核心，传统街坊、单位大院、商品房居住区等构成了本阶段居住空间的主要类型，居住空间类型趋向多元化。

　　（3）居住开发模式演化：从"统建"的单一性到多元化

　　土地有偿使用的推行，使政府、单位、房地产公司、城中村成为开发主体，促成了不同主体主导下多元化模式。其中，政府主导下的居住开发主要用于保障性住房的建设和危改房改造；单位主导下居住开发主要用于单位"福利"住宅建设和土地所有权出让下商品房建设；房地产公司主导的居住开发主要用于商品房建设；而城中村主要为自建房。因此，开发模式与居住类型、土地使用权主体相关联，其中"政府—房地产公司"和"政府—单位—房地产公司"的开发模式占据主导地位，是土地使用权转让过程的过渡性模式。

在多元化的开发模式下，西安居住用地发展也呈现多元发展特征。其中，二环沿线建筑建设以"填充"和"更新"为主导，新区以"飞地"和"跳跃组团"为主。

（4）居住空间分异：从单位差异到收入差异的居住分异

住房制度的市场化改革，调动了开发者的投资建设积极性，加快了城市住房建设以及其他城市建设的速度，同时形成了多元化的住宅供需关系。因职业背景、文化取向、收入状况而产生的居住空间分异显性日趋凸显。邢兰芹等人[149]对西安市居住空间分异的研究表明（表5-9），1992～2002年西安城市空间分异主要特征体现为：

1992～2002年西安市住宅价格圈层分布比重表（％）　　　　表5-9

类　型		第一圈层	第二圈层	第三圈层
高档商品房	≤10万元	15.8	73.7	0
	10万元～20万元	22.0	51.2	26.8
	20万元～30万元	7.7	30.8	61.5
	30万元～40万元	10.3	35.9	63.8
	≥40万元	6.0	25.4	68.6
普通商品住宅		15.1	41.4	43.7
商住楼/公寓		16.6	20.4	63
安居工程		0.0	82.0	18
经济适用房		0.0	60.7	39.3
别墅		0.0	0.0	100

（资料来源：根据邢兰芹等人2001年的相关调查数据绘制）

第一，普通商品房、高档商品房、经济适用房、安居工程主要分布在第二圈层和第三圈层，普通商品房在两个圈层内分布较均衡，而其他类型的住房在两个圈层的分布存在差异。其中62%～68%的高档商品房分布在第三圈层，而60.7%～82%的安居工程及经济适用房分布在第二圈层。因此，第二圈层以普通住房和保障房（经济适用房和安居工程）为主导，承担了明城区的主要人口疏解职能；第三圈层以高档商品房为主导，在空间区位上主要分布在新区内（西高薪、西经区、曲江新区）。

第二，第一圈层以价格小于10万元的商品房为主导，成为传统街区的主要分布区域，同时也是人口疏解的主要区域。

第三，在时空关系上，1991~1998年期间新建居住主要分布在第一和第二圈层内，而1999~2002年新建居住主要分布在第二、第三圈层内。时空关系表明，明城区以居住功能疏解为主导，二环沿线及新区逐步成为居住建设的主要区段。

5.3.3 道路结构演化

道路结构是城市空间结构的"骨架"，是城市空间关系的纽带。在1978~1992年，城市道路成为城市内部空间关系的核心要素；而1992~2002年，交通可达性成为影响土地价值的重要因素，成为城市区域竞争的先导。地图复原的实测数据表明，道路用地规模从1992年的23.69平方公里（19.06%）增长到2002年的25.58平方公里（11.60%），年均增长0.21平方公里，是1978~1992年的0.02倍。

（1）道路结构演化：从"一环"到"三环、六射线"

内部环路建设和外部高速路建设构成了1992~2002年的西安道路结构演化主线。在内部建设中以"二环"的联通和"边缘开发区"建设为主线，通过新建、拓宽等方式，构建以"二环"为纽带的"三横、三纵、二环"的城市道路网络格局；在外部道路网络方面，进行区域范围内的道路快速化升级。在发展历程上，二环路及内部拓展一直贯穿1992~2002年；而外部高速路主要集中在1999~2002年年间，先后修建了到辖区内的蓝田（2000年）、阎良（2000~2001年）、户县（2000年）、机场的高速公路（2001~2003年）,绕城高速"三环"北段也同期竣工（1998~2000年）。以此为依托,西安与省内宝鸡、渭南、安康、汉中、铜川、延安等城市实现高速连接，打通了与南京、合肥、武汉、郑州、太原、兰州、成都、银川等城市的联系，确立了西安在全国高速公路路网中枢纽地位。除了公路交通之外,空运和铁路也同期建设。西安咸阳国际机场二期开工建设（2000年）、西—康铁路通车（2001年）、西—包铁路通车（2001年），城东、城西等7个客运站（陕西省西安汽车站、西安市汽车站、西安城东客运站、西安南关客运站、西安城西客运站、三府湾客运站、明德门客运站）相继使用。

通过内部与外部的道路建设，以及公路、铁路、空运等不同类型的交通方式，截至2002年西安已形成了"三环、三横、三纵、六射线"的道路结构（图5-13）。本阶段道路建设向"快速化"和"区域化"的转型，提升了西安的区域空间的权衡，促成了"关中"范围中城市带的形成。

（2）道路密度演化：从重心"南移"到"均衡"拓展

与1992年的道路网络相比，本阶段在城市向西南、东南、城北方向的拓展下，道路网密度逐步北移，形成以明城区为中心的均衡主干道网络。在道路格局方面，城北西经区延续了"经纬涂制"的道路格局，而西南和东南在南二环的斜线偏移下，呈"经纬"倾斜的方格网格局（图5-14）。

2002年西安主干道网络"均衡"；次干道以陇海线为界，呈现"北疏南密"的特征；支路以旧城区的密度最高，新拓展区域较低，其中西高新支路网密度大于西经区；快速路主要集中在陇海线以北区域，成为西安对外交通的主要出入口。

西安内部道路密度格局及发展特征契合平原型大城市"内密外疏"、"环路外延"、"边缘开发区"拓展的普遍规律。

（3）道路空间关系演化：从内部"通达型"到区域"快速型"

在1978~1992年，道路发展以城市内部道路升级为主导，而在1992~2002年，除了内部连通外，强化与外部区域"快速式"联系，修建6条高速路，启动了航站楼扩建、西—包铁路和西—康铁路。这种公路、铁路、航运的"快速式"升级，为区位范围内的资源整合与产业集群创造平台，进而奠定了西安在西北区域的门户地位。在城市内部方面，通过"二环"与"三环"的同步建设，拓展了城市骨架，城市的规模从原来的铁路界定转向"山水条件"的边界界定。环路建设与圈层化的功能区划相衔接，因交通可达性而形成的空间价值分异引发了城市经济空间结构的外向型转型。

5.3.4 商业空间演化

地图复原的实测数据表明，商业用地规模从1992年的1.65平方公里（1.33%）增长到2002年的18.32平方公里（8.3%），年均增长1.85平方公里，是1978~1992年时期的46.25倍，为城市五大功能区中增长速度最快的用地类型，商业空间发展进入急速增长阶段。商业网点的数量从1992年的26841个增长到2002年的104618个，建筑面积从1993年的12.1万平方米增加至2002年的35.01万平方米；其中，营业面积在1万平方米以上的大型零售业16家[215]。在商用规模不断拓展下，逐步形成市、区、地级等商业体系。现代城市中心的形成、商业网点的升级与新型商业类型的入驻、"开发区"范围内商业网点拓展构成了本阶段商业空间发展的主要内容。

（1）商业空间发展历程：从"专业市场"到"连锁超市"、"百货大厦"

西安市商业发展历程表明，1992~2002年的西安城市商业空间发展以1998年为节点，整体历经了两个阶段（图5-15）。第一阶段（1992~1998年）主要发展内容为专业市场拓展与综合性商场建设；专业市场在土地功能置换下，规模逐步扩展，等级逐步提升为辐射西北地区的重要货流集散地。同时，明宫建材市场、文艺南路纺织品批发市场、西安亚欧货运交易市场等新建，形成多元化的专业市场格局。而综合性商场建设主要以商业

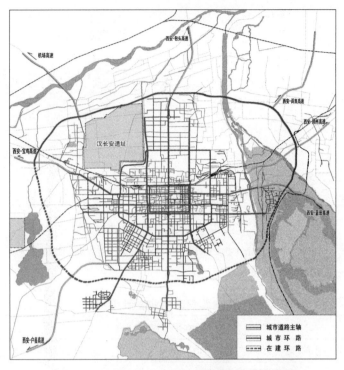

图5-13 1992～2002年西安城市道路结构图

（资料来源：根据《西安现状图（2002年）》、《西安统计年鉴》、西安卫星照片等相关内容绘制）

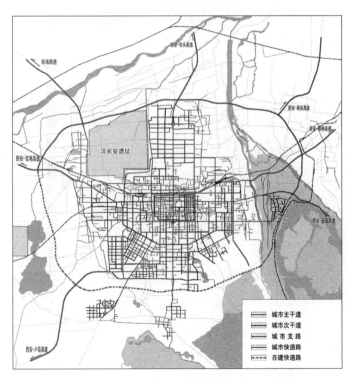

图5-14 1992～2002年西安城市道路系统图

（资料来源：根据《西安现状图（2002年）》、《西安统计年鉴》、西安卫星照片等相关内容绘制）

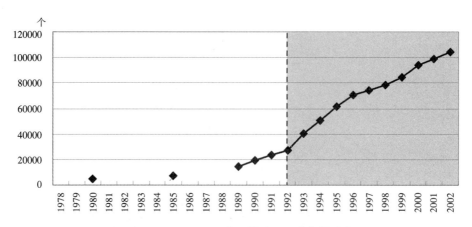

图 5-15 1992 ~ 2002 年西安商业网点数量演化图

（资料来源：根据《西安统计年鉴》(1993 ~ 2003 年) 相关数据绘制）

	1992~2002年西安市商业发展历程			表5-10
区 位	企业名称	营业面积（平方米）	业 态	建成时间
市中心	书院门步行商业街	—	商业街	1991 年
	北院门回坊风情街	—	商业街	1991 年
	唐城百货大厦	10970	百货	1994 年
	德福巷酒吧街	—	商业街	1995 年
	西安百盛购物中心	10847	百货	1996 年
	西安开元商城	41780	百货	1996 年
	世纪金花购物广场	31386	百货	1998 年
	家乐粉巷店	13513	连锁超市	2001 年
城 南	小寨商业大厦	10000	商业零售	1990 年
	太白商业大厦	15000	百货	1994 年
	文艺南路市场	—	专业市场	1994 年
	西安秋林公司	16000	百货	1995 年
	家乐长安店	11276	连锁超市	2002 年
	家乐含光店	10329	连锁超市	2002 年
城 西	西安亚欧货运交易市场	—	专业市场	1998 年
	家世界购物广场	27175	连锁超市	1999 年
	人人乐超市	12000	连锁超市	2000 年
城 东	爱家朝阳店	18000	连锁超市	2002 年
	家乐金花店	10102	连锁超市	2002 年
城 北	大明宫建材市场	—	专业市场	1993 年

（资料来源:马晓龙.西安市大型零售商业空间结构与市场格局研究[J].城市规划，2007(2):55-61）

发展轴线为主导，兴建世纪金花、唐城、百盛、太白商业大厦、西安秋林等（表5-10）。在此过程中，中心区内传统小店组成商业街，现代化的商业步行街、德福巷酒吧街等别具特色的专业商业服务街区。第二阶段（1998～2002年）以连锁超市为主导，与"百货大厦"、传统百货共同构成现代功能的商业空间（图5-16），促进了西安商业空间的现代化转型。这些"百货大厦"、"连锁超市"的结合，提升了西安商业空间的类型，同时专业市场与"百货大厦"、"连锁超市"的结合，促成了点、线、面商业体系的形成。

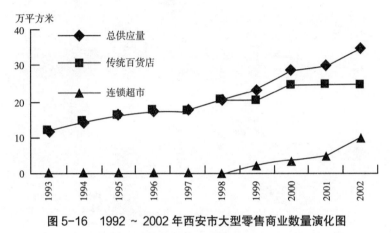

图5-16 1992～2002年西安市大型零售商业数量演化图

（资料来源：马晓龙.西安市大型零售商业空间结构与市场格局研究[J].城市规划，2007，31(2):55-61.）

（2）商业空间区位及结构演化：从"轴向拓展"到"圈层"集聚

本阶段新增商业用地的区位（图5-17）表明，新增商业用地以"点状"、"块状"等不同尺度发展，呈"轴向拓展"、"区位差异"的特征，形成"两横、三纵"的商业轴线。其中，"二环"以外以"块状"为主，而"二环"以内以点状为主；商业网点的区位分布密度表明（图5-18），分布密度在区位上以东西商业轴为分界线，形成"南高北低"的特征。本阶段商业用地"轴向拓展"、密度"南高北低"、内"点"外"块"的区域演化特征，遵从了市场导向下的区位择址原则。旧城区内的工业用地、效益差的"单位"用地逐步被"营利"性商业用地所替代，成为生活性空间的有利补充。与此同时，"边缘开发区"内的商业用地作为开发区配套和商务发展的需要，成"块"集聚。

商业空间区位演化促使了商业结构的转型，整体呈现"圈层"集聚、轴向拓展的特征。共形成三个圈层：第一圈层是以钟楼为中心，半径1.5公里的区域，这一区域是西安传统的商业中心，集聚了"本阶段"主要的"百货大厦"、"连锁超市"、"商业街"，聚集包括东、西、南、北4条商业街、解放路5个商业中心，构成了一级商业网点群，现代化的城市商业中心已发育成熟；第二圈层是"二环"与明城区之间的区域（半径约1.5～3.5公里），以

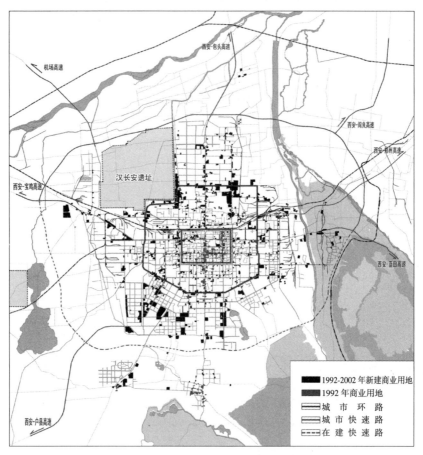

图 5-17　1992～2002 年西安商业用地演化图

（资料来源：根据《西安现状图（2002 年）》《西安统计年鉴》、西安卫星照片等相关内容绘制）

专业市场、居住区级商业、酒店宾馆为主导，商业点沿"二环"、"一环"沿线聚集，成为 1992～2002 年新增商业网点的集聚区；第三圈层主要分布在"边缘开发区"内，由商务办公、酒店娱乐、配套商业构成，沿边缘开发区发展轴"面"状分布。

　　1992～2002 年时期商业空间演化表明，本阶段的商业以增量扩充为主，具有现代化特征的"百货大厦"、"商业街"、"连锁超市"促成了现代城市商业中心，并在旧城区功能更替下，逐步集聚形成圈层特征，但次级商业中心还处于发育阶段。

5.3.5　公共空间演化

　　在 1992～2002 年，伴随城市空间的快速拓展，公共空间作为城市的配套设施也呈现快速发展的特征。地图复原的实测数据表明，公共空间用地规模从 1992 年的 22.80 平方公里（18.35%）增长到 2002 年的 45.35 平方公里（20.55%），年均增长 2.51 平方公里，是 1978～1992 年的 5.23 倍。公共空间的演化主要体现为外部拓展和功能的现代化升级。

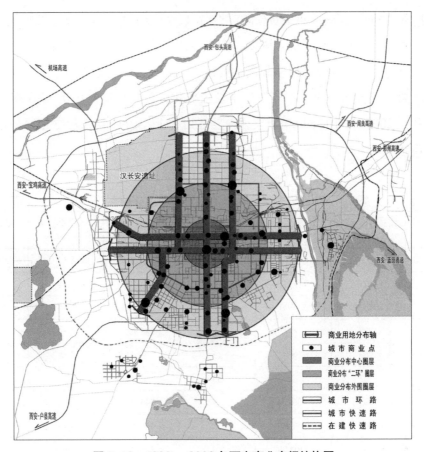

图 5-18　1992～2002 年西安商业空间结构图

（资料来源：根据《西安现状图（2002 年）》、《西安统计年鉴》、西安卫星照片等相关内容绘制）

（1）公共空间功能演化：现代化引领下的类型多元化与体系化

伴随城市向南向、北向的同步拓展，本阶段公共空间的演化主要体现两个方面：一方面现代商业设施向原有的商业中心集聚，形成现代商业中心；另一方面，公共设施、商业点城市新拓展区域以配套功能形成区级商业中心，在市场的区位择址下，与城市文化轴线靠拢，形成城市发展轴。主要功能演化包括（表 5-11）：

第一，在文体设施方面，以完善现代城市公共空间类型为主导，新建市级图书馆、美术馆等文体设施，新建未央湖、国际会议中心、新纪元高尔夫球场（城市内）、"城运村"、"西部大学城"等新型空间，促成西安城市公共空间体系的形成，加剧了西安城市公共空间的现代化升级，并在 1999 年启动了"西部大学城"计划。

第二，在开放空间方面，依托城市历史文化、遗址、旅游资源，复兴、改造、塑造具有城市文化底蕴的公共空间类型，复兴曲江池皇家园林（长安大唐芙蓉园）、未央湖公园；改造南大门广场、大雁塔南广场，启动大雁塔北广场工程，本质上是对历史遗址的公共化过程。同时,新建未央广场(560 亩)、长延堡广场(175 亩)、十里铺广场(450 亩)等。此外，依托外围的山水条件和资源，建设桃园湖旅游区、朱雀森林公园、渭泾湿地保护区，构成西安城市外部开放空间的主要内容。在开放空间的不断增补下，公共绿地面积、公园数量、人均绿地面积等发生了较大变化，公共绿地面积从 1992 年的 341.99 公顷，上升到 2000 年的 1283.60 公顷。在发展历程上，1995 年以后绿化面积增长速度加剧（图 5-19 ）。

1992～2002年西安园林绿地建设历年演化表　　　　　　　　　表5-11

年份	园林绿地面积（公顷）	公共绿地面积（公顷）	公园数（个）	公园面积（公顷）	人均公共绿地（公顷）	绿地覆盖率（%）
1990	—	327	15	283.5	1.67	30
1991	1346.01	341.298	15	282.79	1.84	—
1992	1653.78	341.99	15	282.78	1.80	—
1993	1723	366	15	282.79	1.80	30.6
1994	1763	387	15	285.8	1.80	31.80
1995	1763	825	39	697	3.91	36.00
1996	2991	930.69	39	746.72	4.20	36.10
1997	3309	957.80	39	745.92	4.25	36.12
1998	3384	1109.08	44	848.29	4.67	36.33
1999	3613	1249.68	45	873.29	5.17	36.41
2000	3677	1283.60	47	879.79	5.31	37.14

（资料来源:根据《西安城市统计年鉴》(1993～2001年)相关数据绘制）

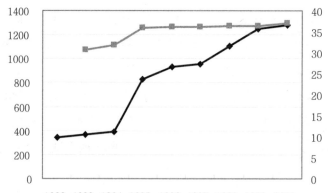

图 5-19　1992～2002 年时期西安商业用地区位演化图

（资料来源:根据《西安城市统计年鉴》(1991～2001 年)相关数据绘制）

第三，市政设施因类型差异发展历程各异。在能源设施方面，围绕能源结构的燃气化转型，从1994年开始进行靖边—西安燃气运输管道（1997年）建设，连通西安及其腹地城市，同时在城市内部建设燃气加油站、燃气储存站、燃气动力公交线路等相关设施，提升城市的气化率。相关数据表明，1994～2000年城市气化率达到75%。在给排水、电力、供热设施方面，承接1978～1992年时期污水厂、电力厂、给水厂和相关管道设施布局，落实后续建设，推进了黑河水利枢纽引水工程全线贯通（1999年）、南郊水厂建成通水（2001年）、曲江水厂废水处理回用工程建成（2000年）、邓家村污水处理厂调试（2002年）、西郊热电厂2号机组试并网发电成功（1995年）、灞桥热电厂扩建（2000年）。截止到2002年，城市供水管道长2376公里，日供水能力达160.8万吨，人均日生活用水达252.34升；城市集中供热管道长268公里，供热面积1176万平方米。排水管道长877.26公里，3个污水处理厂，日污水处理能力31万吨，污水处理率35.32%；建成园林绿地面积4238公顷，绿化覆盖率达35.06%，人均公共绿地面积3.38平方米，垃圾无害化日处理能力达3300吨。除此之外，1992年西安开通自动传呼网，通信进入"传呼机"时代；在时序上，在2000年"西部大开发"的战略部署下，2000～2002年间相关重大项目开建，加快了城市基础设施建设的进度。

第四，行政管理和产权方面，医疗卫生的所有制从"国有"向多种经营转型，产生了首家股份合作制医院（西安截瘫康复医疗中心）。而2002年环城公园、莲湖公园、革命公园、纺织公园的免费开放，提升了公共空间的公共属性。

本阶段公共空间发展以增量扩充为主，各个类型成倍增长（表5-12）。其中，文教科研增量最大，增长率达到182%，而行政办公、公园广场用地的增长率均超过了70%。而公园免费开放、高尔夫球场等现代化开放空间的出现，体现了西安公共空间的现代化提升。

1992～2002年西安城市公共空间各用地面积演化表（单位：公顷）　　　表5-12

	文教科研	行政办公	医疗卫生	公园广场	文化体育	文物古迹	合计
1992年	809.56	399.57	276.09	506.11	191.76	97.3	2280.38
2002年	2282.59	709.07	320.42	890.33	236.89	95.41	4534.71
增长率（%）	182	77	16	76	24	-2	99

（资料来源:根据1992年和2002年的《西安现状图》实测数据绘制）

（2）公共空间区位演化：外延拓展，南密北疏

公共空间的区位演化主要体现为外延拓展（图5-20）。其中，文教设施的拓展范围主要集中在城南，在向南拓展的过程中与长安相连接，长安区（原长安县）所属区域成为

众多高校拓展新校区的区位。2001年，长安县划出17平方公里作为高校及科研用地，以促进教育产业的发展。除此之外，1999年西安在城北启动"西部大学城"建设，欲建设容纳20万人的"大学城"，但其仍处于发育阶段，并未进行大规模的校区建设。其他公共设施分布在"二环"沿线及"边缘开发区"范围内。通过本阶段扩充和1978~1992年时期建设基础，以本阶段整体"圈层"为依托，2002年西安公共空间整体区位呈现"南密北疏"、"内密外疏"的特征（图5-21）。明城区依然为行政办公、医疗、文化、旅游设施的集中区，而"二环"沿线为城市办公、公共服务带，边缘开发区及临近区域成为新建公共设施集中区。

（3）公共空间关系演化：从"一环、一轴"到"层级网络"

公共空间作为城市功能的有机组成部分，受制于城市空间结构、功能局部、交通条件等因素，在城市中往往作为"配套"功能。受1992~2002年时期西安城市空间结构转型、功能圈层布局、"二环"形成等影响，西安公共空间关系逐步从轴向布局关系向"层级网络"发展，形成省级、市级、区级不同层级的公共空间系统，并在新空间的不断建设下形成了类型多元、现代化的城市公共空间内容。同时，在"全球化"与"市场化"的语境下，依托城市文化基因建设的公共空间（大雁塔广场、大唐芙蓉园、曲江池复兴等），在促进了城市空间特色形成的同时也提升了城市环境，为吸引外资和产业转移提供基础，城市公共空间关系从内部共享向区域共享转型。

5.4 阶段演化的"特征识别"

5.4.1 "空间格局"特征

（1）大遗址和边缘开发区主导下的城市拓展方向与功能布局

"边缘飞地"和"跳跃组团"成为本阶段城市外部拓展的主要方式，拓展区域集中于高新区、西经区、曲江开发区内，新拓展的用地的90%分布其中。因此，这三大开发区的空间区位和功能定位从宏观上决定了城市用地的拓展方向和拓展的功能类型。在空间区位上，西高新和西经区避让历史大遗址，分别引领了城市西南向和北向的城市拓展，工业、居住、商业构成主要用地类型，在承接旧城人口和工业疏解的同时，成为西安工业向高薪产业转型的集聚区。而曲江旅游开发区围绕曲江池遗址进行以旅游为主导的城市开发，通过历史遗址、历史场所的复原、修复等方式整合公共空间，同时进行旅游功能的配套设施建设，建设会议、宾馆、居住等功能，承接城市的主要休闲空间，成为西安文化产业集聚区之一。这种以历史遗址保护与开发为主导的城市建设活动，成为本阶段西安城市空间发展的新模式。

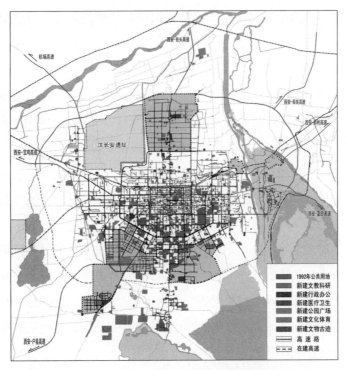

图 5-20 1992 ~ 2002 年公共空间用地演化图

（资料来源：根据《西安现状图（2002 年）》《西安统计年鉴》、西安卫星照片等相关内容绘制）

用地类型	面积（公顷）	比例（%）
文教科研	2282.59	50.34
行政办公	709.07	15.64
医疗卫生	320.42	7.07
公园广场	890.33	19.63
文化体育	236.89	5.22
文物古迹	95.41	2.10
合　计	4534.71	100.00

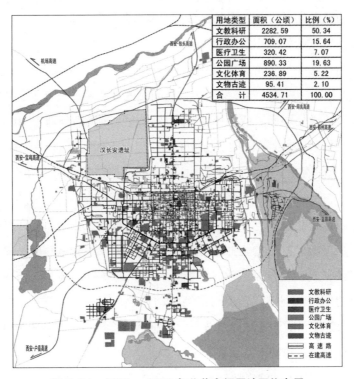

图 5-21 1992 ~ 2002 年公共空间用地区位布局

（资料来源：根据《西安现状图（2002 年）》《西安统计年鉴》、西安卫星照片等相关内容绘制）

曲江旅游度假区的建设开启西安历史文化保护与发展的新方向，从静态保护向保护与开发并举的模式转化，通过对历史遗址的公共化改造，使历史遗址成为城市公共空间的一部分，促成城市文化产业、旅游产业的发展，带动了大遗址周边的用地类型的重构。以此为视角，对1992年与2002年的土地利用现状图的对比表明：汉长安城遗址周边新建用地以商业为主导，改革开放前的工业逐步减少，新建的工业被商业用地隔离；大明宫遗址区周边的用地也发生了类似的土地重构，临近区域的商业用地、居住用地比例上升；在明城区范围内，土地重构显性突出，但居住用地依然占据最高比例，这与回民坊和书院门历史风貌保护相关；而曲江池遗址、大雁塔等历史场所的周边也进行了商业、居住为主导的用地置换。

因此，三大开发区主导了本阶段城市空间的拓展方向和拓展速度，而历史遗址（尤其是大遗址）在城市外拓下，逐步从郊区演化城市中心的同时，在历史风貌保护与开发模式导向下，主导了周边区域土地利用的市场化重构。主要方式包括三种：第一，避让历史遗址区的城市拓展；第二，以历史场所再生为导向，带动周边用地的商业化重构；第三，以历史风貌区保护为主导的明城区功能疏解。

在开发区与大遗址主导的城市空间拓展方向和拓展速度下，本阶段城市空间拓展速度快，城市范围急速扩大，北临渭河，东临浐河、灞河，南边与长安县连接依傍秦岭山脉，西至阿房宫遗址，城市范围从道路界定转变为"山水条件"界定。

（2）"营利型"导向下功能比例演化特征

在构建社会主义市场经济的经济体制引导下，以及住房的商品化、政府企业化、土地资本化的制度作用下，城市功能类型变化具有明显的"营利型"特征，主要体现为四点：

第一，城市用地增长层面。商业用地和居住用地的增长率分别为1010%和82%，在整体用地比例中，居住用地占13.39%，超过了工业用地比例占据第一；居住建设从"福利"型转化为"营利"型；在三大开放区建设中，均起到前期诱导作用，房地产成为城市经济收入的主要来源，"三、二、一"的产业结构进入常态化。

第二，功能区位演化层面。生产成本最小化和利润最大化是市场条件下企业选址的基本原则，构建在市场原则下的企业选址行为成为本阶段西安城市经济结构重组的主要动力。功能空间在"成本—收益"效应影响下，因交通条件、聚集经济等因素而进行了空间重构。城市功能"营利型"转型与市场驱动相耦合，工业从第一、第二圈层中逐步外迁，在城市边缘集聚，成为区域化的先导；商业用地逐步占据城市中心和城市发展轴的区位，形成现代商业中心和城市发展轴。

第三，历史遗址周边用地类型层面。伴随历史遗址的区位内城化，以历史遗址的经济效益为主导的城市功能更替加快，汉长安遗址、大明宫遗址、曲江遗址区等周边的工业用地逐步减少，以商业和居住为主导的"营利型"逐步占据主导地位，加速了城市内部的功能更替。

第四，功能组合层面。各功能空间因市场行为的相关性关系加强，工业与文教、科研单位合作兴建科研单位主导的工业园；居住与工业成为边缘开发区开发的先导功能，带动商业、文体等相关配套设施的建设；公共空间建设与城市的历史文化、自然资源相结合，构成城市开放空间，并与居住、商业功能结合。在时空联系上，形成以市场调配为纽带的圈层分异关系，工业边缘化、集中化布局；居住空间从向碎片化转型；公共开放空间从仪式性向体系化转型。此外，区域间因道路的"高速"升级，缩短了时空距离，促进了城市的区域关系形成。

因此，在城市功能的"营利型"转型下，历史遗址的经济效益逐步在市场驱动下，成为城市功能更替的驱动力，在促使城市公共空间整合、历史场所复原的同时，带动了文化产业的崛起。而在三大开发区内，居住用地在"营利型"驱动下，成为先导功能。这种整体"营利型"的功能增补，是市场化经济制度在空间的响应，是城市适用市场经济发展的体现；但这种"营利型"的功能转型，导致了本阶段商业用地增长过剩的现象。

（3）市场属性下地块尺度特征

本阶段城市尺度、圈层尺度、地块尺度的演化过程表明，在内部更新和外部拓展下，城市整体尺度扩大迅速，圈层尺度发生 1～2 公里位移，但地块尺度整体在减小。地块尺度变化具有明显的市场属性，其与功能性质、空间区位、开发模式相关联，呈现不同圈层下的尺度分异。"单位"体系下的大空间尺度逐步被市场化下的小尺度所更替，空间在地块尺度规整与破碎下形成有机的城市体系。其中，工业地块和居住地块呈现"内小外大"的特征，商业地块尺度在第一圈层最大，公共空间地块尺度在第二圈层最大，在空间分布上呈现外部规整、内部破碎。

（4）区位引领和历史风貌管控下空间强度特征

市场化、全球化的融资方式促成了政府、企业、居民等多元主体，由此产生多元化的开发模式主导了城市空间的拓展模式，居住、商业、酒店等建设向营利性的主动建设转型。在此过程中，"点轴引领、区位分异"成为本阶段空间强度分异的主要特征，这一特征除了适应市场调配之外，关于历史风貌的管控成为重要原因。本阶段延续了 1978～1992 年间的基于历史风貌保护的建筑高度控制条例，尽管在明城墙周边区域，建筑高度和退让距离与风貌控制要求存在偏差，但整体的高度得到控制，抑制了明城区和大雁塔区域的建筑高度，促使了城市空间强度的圈层分异；其他区域在市场机制下形成区位分异、点轴引领的强度特征，使历史文化轴与经济轴叠合。

　　因此，历史风貌的管控成为空间强度圈层分异的主要原因，是城市被动适应历史风貌保护的体现，促使了城市空间外部拓展的速度；而其他区域的强度分布则主动适应市场体制下区位择址的原理。

5.4.2 "功能类型"特征

　　"功能类型"的演化过程表明，构建在市场原则下的企业选址行为和历史资源公共化成为城市空间重组的主要动力，功能空间在"成本—收益"效应影响下，因交通条件、聚集经济等因素而进行了空间重构，各功能类型演化的主要特征为：

　　第一，工业用地以高新技术产业为主导的工业区在城市边缘区集聚，同时，内部老工业区在功能置换下，通过外迁或置换的方式向郊区的工业区集聚，带动工业圈层外移，界定了城市边界，是城市边缘开发区建设的主导功能之一。

　　第二，居住用地伴随住房制度的商品化改革，功能属性转变为"营利型"，成为城市规模扩展的主导功能之一。本阶段居住用地内部重构的主要方式是危旧房拆迁改造、老城区内填充插补、边缘开发区建设，在空间区位上成为第一和第二圈层的主导用地，居住用地的扩展带动了第二圈层的范围的扩大；同时，在第三圈层与工业用地成为边缘开发区的先导功能，在城市边缘区"飞地"和"跳跃组团"的方式形成边缘居住组团，拉动了城市的外部扩展。同时，居住分异从单位效益差异转变为个人收入差异。

　　第三，道路网络以内部环路建设和外部快速路建设为脉络，逐步形成"三环、六射线"的道路结构。"二环"与"三环"的同步建设，为边缘开发区和工业的郊区化发展提供条件，同时，在市场调配下，构建在交通区位上的功能分异、强度分异促使了"二环"的经济属性的提升，成为城市圈层的分界线。而区域间6条高速路的建设，压缩了区域间时空关系，加速了西安城市新型产业入驻，同时促使了以西安为中心的关中城市群的形成，区域经济效益逐步为西安城市的产业转型提供基础。在国家层面，西安成为西北、西南和连接东部的枢纽，城市化进程加快，影响了西安城区人口分布的动态特征，进而促使居住用地的快速拓展。

　　第四，商业空间的空间演化主要体现为区位布局、商业类型、商业体系三方面。在区位布局上，商业用地向市级、区级和城市干线靠拢，形成市级—区级的商业体系，现代商业中心在明城区形成，区级商业点在开发区内与居住和公共用地结合，形成区级的商业中心，"轴向拓展"和"飞地建设"商业用地空间区位演化的主要方式。商业类型逐步向"连锁超市"、"百货大厦"等转型。商业类型和区位的演化，改变了城市的消费行为，商业空间逐成为城市其他功能关系的纽带，促进了城市空间关系。

　　第五，公共空间在功能的现代化升级下，形成现代商业中心；同时，伴随城市向南向、北向的同步拓展，公共设施、商业点在新拓展区域内以配套功能的方式入驻，形成区级商业中心，并在市场经济的区位原则推动下，与城市文化轴线靠拢，形成城市发展轴。在区位上，城市的办公、公服、商贸设施主要沿二环路布置；城市新建的公共设施主要在西高新、西经区和曲江等开发区内建设。

5.4.3 阶段"特征识别"

本阶段城市空间结构的主要特征体现为："地租竞价"下的功能圈层化、"趋利型"的功能增长特征、空间强度的"圈层分异、点轴引领"、工业郊区化与商业功能的空间集聚和多核发展。同时，历史遗址逐步被资源化，带动了周边区域的功能重构。

在功能类型方面，工业、居住、道路、公共空间在城市空间拓展中均发挥了引导作用，促使城市空间急速扩展和内部更新，同时，延伸的新空间类型普遍在原有基础上叠加，新旧功能有机整合，散点式的工业用地、商务用地向集群式转型。工业用在郊区化发展中，带动了产业结构的整体转型，界定城市的外轮廓；居住空间分异属性从"单位"效益差异转向个人收入差异；商业空间逐步集聚，形成现代商业体系；公共空间一方面以功能类型完善为脉络，新建现代化的博物馆、体育馆、开放空间，另一方面，以城市历史文化遗存为基因，形成特色城市公共空间系统；道路网络呈现内部与外部同步形成快速化网络体系。

在空间问题方面，本阶段的历史大遗址在城市空间外部拓展，从原来郊区的"孤岛"演化为城市内部；而在城市历史风貌控制方面只注重对明城区范围的管控，对曲江池、大明宫、汉长安等遗址区域的历史风貌的管控不足，使得空间强度在点轴引领和圈层分异的发展下，影响古城风貌；另外，经济发展轴与文化轴的结合，使城市文化轴线与周边山水的关系失去了原有的文化内涵。

5.5 阶段特征的比较研究

比对改革开放以来西安城市空间结构演进的两个阶段，其共同点体现为城市规模的增量式发展、城市功能的圈层化分异、工业和居住成为城市发展的先导功能、城市拓展避让了历史大遗址（表5-13）。

其差异点主要体现为：功能圈层分异的经济属性不同，空间拓展模式不同，功能增补的驱动因素不同，大遗址对城市空间的影响范畴不同，城市空间的拓展方向不同。在功能类型中，先导功能的类型从单一类型向多元功能主导转化。

西安城市空间结构演进的阶段特征　　表5-13

内　容		1978～1992年时期	1992～2002年时期
整体特征		扇形圈层	非均衡同心圆圈层
空间格局演化	功能区位	扇形分异，点轴雏显	圈层分异，边缘开发区
	空间比例	生产与生活并轨	增量扩充，功能综合
	空间尺度	地块规整，尺度多元	外部规整，内部破碎
	空间强度	缓慢提升，增幅不一	点轴引领，区位分异
功能类型演化	工业空间	工业组团	开发区主导，郊区化
	居住空间	单位分异，统建模式	区位分异、模式多元
	道路结构	"一环、三横、五纵"	"三环、六射线"，区域化
	商业空间	点轴雏形，体系雏形	商业集聚，体系成熟
	公共空间	类型单一，"一环、一轴"	类型多元化，形成层级网络
阶段特征	空间格局	计划经济下的扇形与圈层分异	市场经济下的非均衡圈层分异
	功能类型	欠账功能的增补	营利型功能扩充

5.6 本章小结

　　本阶段在国家经济体制全面市场化转型背景下，以"增量扩充"为导向，城市空间结构进行了急剧增长与重构，呈现与1978～1992年不同的结构特征。本章通过对"空间格局"、"功能类型"两个层面的研究，主要结论有：

　　第一，1992～2002年城市"空间格局"演化表明，开放区的建设模式和圈层分异的主导了本阶段城市空间整体特征；与1978～1992年时期不同，圈层范围整体外移1～2公里，呈现"圈层分异、边缘开发区"的布局特征；空间比例在整体的增量扩充下，城市功能趋向综合；城市地块尺度呈现外部规整、内部破碎的特征；空间强度呈现"点轴引领、区位分异"的特征。

　　第二，1992～2002年城市"功能类型"演化表明，在市场原则下，功能变异进化与城市产业结构进化同轨，工业、居住、公共用地在城市拓展与更新中均承担主导作用，功能叠加与集群发展构成了本阶段城市功能演化的核心特征。工业用地在郊区化发展中，带动了产业结构的整体转型，界定了城市的外轮廓；居住用地通过危旧房拆迁改造、老城区内填充插补、边缘开发区建设，成为第一和第二圈层的主导用地，居住分异的因素转向个人收入；道路形成"三环、六射线"的结构，促使了以西安为中心的关中城市群的形成，影响了西安城区人口分布的动态特征；商业空间逐步集聚形成现代商业体系，商业类型向

"连锁超市"、"百货大厦"等现代化商业形式转型。公共空间以功能的现代化升级为核心，类型趋向多元化，促成了现代化的公共空间层级网络形成。

第三，1992～2002年城市空间结构的"特征识别"表明，在"空间格局"方面，大遗址和边缘开发区主导了的城市拓展方向与功能布局；功能比例的演化体现明显的"营利型"；地块尺度变化呈现市场属性下外部规整、内部破碎的特征；而空间强度演化具有市场经济下的区位分异特征，同时，受历史风貌管控而呈现圈层分异的特征，历史遗址带动了周边用地性质的重构，成为城市建设的新动力。

6 西安城市空间结构演变的机制解释

改革开放以来，在工业化、城市化、现代化的主旋律下[216]，西安城市空间在外部拓展和内部更新中避让历史大遗址的轨迹，构成了1978～2002年间西安城市空间结构演进的主要特征，城市的空间格局和功能类型也发生了阶段性的演化。在此过程中，西安城区内的历史大遗址、山水条件等因素在与城市空间发展的互动下，使城市空间发展呈现与其他城市不同的演化轨迹，蕴含其在演化机制方面与其他城市存在差异性。

本章以剖析城市空间结构演进动力机制为核心，依托本书构建的"机制解释体系"，从"动力因素"和"社会主体"两个层面分析改革开放以来西安城市空间结构演化的机制，通过两个层面的机制耦合解释两个阶段的演化机制。

6.1 动力因素层面

6.1.1 空间性因素

空间性因素是指与城市空间发展相关的地理条件和自然资源，包含城市范围内的地形、地貌、水系等，也包含区域层面的自然资源，是城市空间结构演进的地理基础[217]。相关研究表明，城市的形成与发展与区域条件紧密相关，普遍对城市空间拓展方向、城市形态等产生影响[218]。针对西安而言，历史大遗址与其他自然条件一样，在历经时间沉淀后矗立于城市内部或郊区，成为自然地理条件的空间性因素之一。

（1）历史遗址及其空间结构影响

西安在3100余年的城市文化演进中，历史遗址分布广泛，大遗址较多，与城市建成区面积重合度较高，包含周、秦、汉、唐及明清的时间序列。同时，依托历史大遗址形成不同时期的城市文化轴线、历史场所，构成了西安改革时期城市重要的空间条件。审视1978～2002年间的城市结构演化历程，城市延续了明城区的规整格局、"经纬涂制"的道路网络、历史轴线等，历史遗址与城市的现代化功能形成共生关系，主要体现为：

第一，在避让历史遗址的目标引导下，历史遗存在宏观上界定了城市空间的拓展方向，在中观上界定了城市空间强度分异。

历史遗存价值被正视的背景下，针对西安历史遗存的点、线、面特征，城市发展采取了避让历史遗址的发展策略，城市向南、北向拓展。其原因是西北角分布众多面状遗址（周丰镐遗址、秦阿房宫遗址、汉长安城遗址），限定了向西的拓展，而明城区分布的大量面状（北院门、三学街、竹笆市、湘子庙街区）、线状（西大街、东大街、南大街、北大街、德福巷）和点状（钟楼、鼓楼）历史遗存。

除拓展方向之外，西安市先后颁布了《西安市控制市区建筑高度的规定》（1993年）和《西安历史文化名城保护条例》（2002年），针对历史遗存风貌保护而进行空间的管制，重点对明城区及其临近区域的高度控制，加速了明城区及其他历史遗址区内空间强度的外移，促进了城市向外拓展的速度，形成以历史大遗址高度为主导的空间强度分异特征。

第二，历史遗存逐步转化为城市空间发展动力之一，促使了历史遗址临近区域的功能重构，进而界定了城市功能结构。

对比两个阶段的发展特征，1978～1992年间对历史遗址采取静态保护的措施，除明城区外，其他大遗址的周边均为工业用地；而在1992～2002年间，以曲江旅游开发区为主导，将历史遗存转化为城市空间发展的动力，进而引发了大遗址临近区域的功能重构，旅馆、餐饮、银行等设施逐步更替了周边的工业用地，形成历史保护与开发并举的发展模式。在此背景下，大明宫、汉长安、明城区等遗址区也经历了同样的功能更替过程。更新速度因遗址类型、区位差异而不同，整体呈现内部比城市边缘区快的特征。

此外，以传统历史轴线和商业点为依托，在保护其历史价值的同时，通过现代功能植入，历史遗存公共化等途径与城市功能的现代化升级形成互动关系，使历史遗址逐步成为城市"文化复兴"、"经济发展"、"生态建设"的重要载体。

第三，因历史遗址保护而形成的地方人文精神，促使了城市场所空间的再生与发展。

人文精神是一种对地方文化高度珍视的文化现象，西安在3100余年的历史演进中，培育了市民对历史空间和地方文化维护的城市精神，使得在城市空间更新、场所营造中具有较高的社会参与性，形成学者、市民等不同的监督群体，促使历史场所的再生和地方文化场所的展现，是城市格局、道路网络等形态一脉相承的社会力量。

（2）地理条件及其空间结构影响

山系形成的天然屏障适宜农业经济的发展局部小气候条件。地理条件是西安成为13朝古都的因素之一，而城市内部历史轴线见证了西安地区城市与自然条件的互动关系。"八水"承担农业灌溉、生活、景观的作用，在与城市功能布局的互动下，形成丰富的城市景观系统，历经众多朝代的历史大遗址，成为西安重要的历史文化资源。当代以来，自然条件对城市空间发展的影响更为明显。其中在1949～1978年间，"秦岭—八水"格局承担了城市重要的公共空间系统，保障了城市给水，同时界定了重大给排水设施、机场选址和城市重工业的空间区位。在1978～1992年时期，山水格局与城市遗址（阿房宫遗址、汉长安遗址）、铁路（陇海线）一起限定了城市的拓展方向。1992～2002年时期，山水格局限定了城市外轮廓：北临渭河，东临浐河、灞河，南边与长安县连接依傍秦岭山脉，西临皂河；在道路交通方面，西安"内制外拓"的地理特征，为改革开放以来西安对外交通网络和经济网路提供历史地理基础。

在空间区位层面，西安是通往西南、中原、华东和华北的门户，是中西部经济区域的结合部，为西安1978～2002年间的产业聚集、科研和劳动力密集产业发展等提供条件，是西安经济发展、社会演进和城市拓展的区域基础。特殊的地理区位使西安成为改革开放以来内陆城市经济发展的示范点，先后成为全国第一批单列计划市（1984年）、第一批设立国家级经济开发区（1992年）、内陆第一批实施土地有偿使用的城市（1993年）等，经济制度的先导对西安改革开放以来的经济发展起到直接推动作用。此外，区域为西安1992年以来开启以文化为主导的城市发展模式创造了条件，也赋予西安特殊的历史风貌和城市特色。

因此，地理条件对西安城市空间结构演进的影响主要体现为：城市内部依赖水系的功能布局；区域范围内带来的交通、人口、资源等条件，使其成为门户性先导城市；地理条件与历史的互动，赋予西安城市发展的特殊性因素。

6.1.2 文化性因素

文化是在一定地理空间单元内形成的人与自然、社会之间的关系，具有延续性[219]。文化性因素与城市空间结构的互动渗透在物质、社会、价值等方面。其中，在物质层面体现为对城市选址、城市形态以及城市空间布局等方面的要求；在社会层面体现为国家体制、城市规划理论对城市空间发展的引导；在价值体系层面体现为价值观取向[220]。文化与时代相关联，产生传统与新型、本地与外地等类型。将文化性因素纳入到本书研究时段内，文化类型主要分为西安地域性文化和外来文化两类。以物质形态、规划理念、价值体系为脉络，文化性因素对西安城市空间发展影响体现为：

（1）城市形制文化及其空间结构影响

西安周边的历史遗址的布局，佐证了山水条件对中国城市选址的重要作用，多朝城市选址均位于在秦岭北侧和关中平原内，当代西安的城市拓展是基于明清时期城址基础上发展的，因此，"轴线对称、棋盘路网"的城市形制传统从隋唐、明清、近代以来一脉相承。在计划经济时代，新建设的工业区均采取避让历史遗址、遵从地方文化的方式；改革开放以来，在工业化、城市化、现代化的外来文化引领下，城市的空间单元、发展模式、城市形态均发生了较大的变化，但城市的整体格局依然限定在历史遗址界定下的城市结构中。

因此，传统城市选址文化的延续与传承，是西安城市整体形制延续的重要原因，对西安城市空间的影响具有决定性，而外国文化对城市空间的影响主要体现为城市规模的积累。

（2）城市规划理念文化及其空间结构影响

西安作为中国传统城市营建模式的典范，其城市规划代表了中国城市规划的理念与设计方法。王树声等人（2009年）的相关研究表明，追求人文环境与自然环境的和谐是中国古代人居环境建设的一条基本规律，并赋予自然人文意义，同时，通过人工空间的秩序性实现人居环境的伦理化，将天、地、人融为一体，实现了"宇宙最高原理、人居环境、人伦纲常"的三位一体，关注人的文化理想和文化信仰在城市空间中的反映，是中国古代人居环境内在气质[221]。在此传统人居环境理念下，西安城市内部保存的小雁塔、钟楼、大雁塔和众多历史遗存均附有内在秩序、空间关联和文化内涵（图6-1）[222]，是西安传统人居环境智慧见证。改革开放以来，国外可持续、现代化、生态化等城市理念的引入，开启了城市现代化的转型时期，但同时，西安的规划传统在历史遗存保护中也得到部分延续。首先，1978～2002年间的两次城市总体规划均将历史遗存保护纳入到城市性质层面，并划定了点、线、面的保护范围，在本质上是中国传统规划思想在现代城市发展中的一种表达，但空间强度的快速提升，使城市原有追求大尺度空间视觉联系的轴线逐步失去原有的视觉、文化内涵，该阶段规划传统的延续主要体现为"形式化"的表达。其次，西安的规划传统在学者、政府、市民的精神世界中具有强烈的生命力，尤其在部分历史场所复原或再生中，具有复苏与回归的趋向。

该阶段城市空间发展在发展理念层面受到了传统与现代规划思想共同作用，但在经济发展主导下，现代城市规划思想逐步占据主导地位，西安传统的文化内涵和空间秩序受到一定影响。因此，城市规划理念对城市空间结构的影响主要体现为空间秩序、文化内涵方面。

（3）价值体系文化及其空间结构影响

1978～2002年间西安城市空间演化的特征表明，价值体系转变过程是"科学化"逐步被认可的过程，体现为对计划和市场两种经济体制、空间价值、历史文化遗产、社会需求等方面的认知水平的提升。价值体系渗透到社会主体中，各主体在行使各自角色与权力下，产生了基于此价值体系下的空间发展制度、空间发展模式、空间发展决策，通过治理理念、空间模式、发展机制等影响着城市空间的结构演化。

1978～1992年，历史遗址价值被正视，居住与公共服务功能需求使空间价值变得多元，空间配置的科学化被关注。1992～2002年时期，在空间的价值认识方面，空间成为城市政府主要的"资产"，空间价值的最大化成为城市发展的主要目标，普遍采取主动满

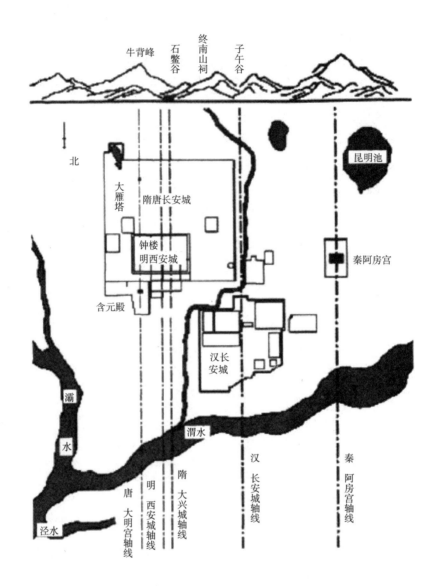

图6-1　西安历代城市设计与终南山关系示意图

（资料来源：王树声.结合大尺度自然环境的城市设计方法初探——以西安历代城市设计与终南山的关系为例 [J].

西安科技大学学报，2009，29(5):574-578.）

足全球化资金流动的空间需求的方式，承接全球化产业转移地；同时，政府通过规划干预、城市经营策略和垄断土地一级市场，提高土地价值增幅的同时，壮大地方政府的财政收入，城市发展进入了"增长主义"时期。

6.1.3　秩序性因素

"能动者—系统动态学"理论认为，秩序性因素主要包含宪法、法律、行为规范、道德标准、技术规则等 [223]，它决定了不同能动者拥有的实现目的和利益的不均等性，反映了能动者之间的权利关系和能力差异[224]。改革开放以来我国的秩序性因素主要由制度（政策）和城市规划构成。在角色方面，制度是反映了国家层面的城市发展战略、路径和治理理念，而城市规划反映了地方政府主导下对城市发展模式、发展战略及城市管控。

（1）制度变迁及其空间结构影响

制度是一系列被制定出来的规则、守法程序和行为规范，其对个体行为的约束和对资源配置方式带有差异性的空间效应[225]。作为城市发展的组织工具，制度普遍视为城市发展的原动力（D.C.诺思）[226]，它以直接或间接的方式作用于城市空间的经济结构、社会结构、功能结构中，而空间则通过问题反馈进而推动制度建设。在此过程中，空间是制度的结果，又是制度调整的动因；制度在实现市场配置的同时，反映了社会、经济对空间运行环境的要求；通过约束和控制力量影响城市空间结构的演变进程，二者处于相互影响的互动过程之中（图6-2）。

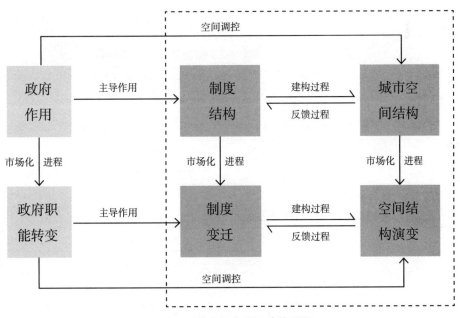

图6-2　制度与空间互动关系图

（资料来源：引自文献[18]、[19]）

1978～2002年间西安城市空间结构属性研究表明，市场化、分权化、全球化构成了制度变迁的主要脉络，经济制度、土地使用制度、户籍制度、空间规划等制度调整与优化，构成了制度变迁的核心内容（图6-3、表6-1），其作用机制体现为：

①经济制度变迁对城市空间结构演化影响

经济制度主要由产权制度、收入分配制度、财务制度、企业组织制度、城市住房制度、宏观经济政策等间接性制度构成（见表 3-5）。它对城市空间结构的作用方式是通过改变城市空间的经济行为而改变城市经济结构，表现为城市功能结构重组、产业结构演化、居住空间分异等。

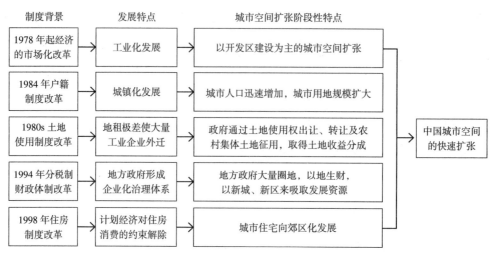

图 6-3　中国改革开放以来制度变迁及其空间响应

（资料来源：张沛，程芳欣，田涛."城市空间增长"相关概念辨析与发展解读 [J]. 规划师，2011，27(4):104-108.）

城市空间发展的相关制度变迁(1978～2002年)　　表6-1

	制度类型	变迁内容	作用及城市空间发展特征
间接性制度	经济制度	产权制度	从单一经济到多种经济	城市经济结构转型
		税收制度	从小包干到大包干	政府的企业化转型
		企业组织制度	单位制瓦解	影响社会分层结构
		城市住房制度	从实物分配到货币化	居住结构转型
		宏观经济政策	社会主义"市场经济"	增长主义发展
	社会管理（户籍制度）	人口流动松动化	社会分异
直接性制度	土地使用制度	从计划到有偿使用	功能空间区位重构
	空间管理及城市规划	科学化、工具化	空间发展有序化

第一，产权制度方面，经历了国有经济到多种经济并存的历程。主要途径是国有企业的政企分开、所有权与经营权分离、股份制等改革措施，这些制度调整调动企业自主经营的积极性，使企业成为市场主体，发挥其资源配置作用。此外，通过土地有偿制度，构建土地使用的市场竞价机制，使城市土地等的稀缺资源得到有效配置，推动城市土地利用结构的重组与优化[18]。产权制度的变迁，解决了计划经济时期因缺乏激励机制而导致经济低效率的问题，促进了城市产业结构的重构与优化。

第二，税收制度变迁，历经"小包干"到"大包干"的变迁历程，重构了中央与地方、政府与企业、企业与市场的关系，加速了政府企业化转型，促使"增长联盟"的形成和城市空间的急速扩张，城市空间发展进入"增长主义"时期。因此，税收制度变迁对城市空间的影响主要体现为主体关系的重构。

第三，收入分配制度层面，历经平均主义向"效率优先，兼顾公平"的分配模式转换，社会分层转变为以经济收入、职业、教育程度等为主导因素，新兴的富人群体开始形成，国有企业失业人群和进城务工人员形成新贫困群体，收入水平的阶层化促使了构建在个人收入差异下的居住空间分异。

第四，企业组织制度方面，以单位制逐步瓦解为主线。伴随经济体制的市场化转型，单位对城市社会分层、资源调配的能力减弱，开始在单位选址行为中遵从地租竞价理论，单位的内部组织转向市场效率主导。单位制的逐步瓦解改变了城市空间的社会结构和物质形态，成为影响城市空间结构的制度因素之一。

第五，住房制度层面，经历了实物福利房到商品化的转变历程，调动了开发者投资建设的积极性，促使多元化住宅类型的出现、城市形态的快速演化和城市空间的快速扩展。住房制度与分配制度相关联，共同推动了城市社会空间的分异。

第六，在社会管理方面，户籍制度从严格的城乡隔离到城乡人口松动流动的历程，人口作为空间要素逐步被"资本"化，乡村人口通过流动参与城市分工，促进了城市产业从业人口结构变化和城市社会分异。

因此，经济制度的调整途径是通过改变城市空间社会结构、财富结构、主体关系而影响城市空间发展，其对城市空间的作用方式具有间接性的特征。

②土地使用制度变迁对城市空间结构的影响

改革开放以来，土地制度主要围绕有偿使用而调整（图6-4），直接作用于城市空间结构的形成与演化中。其变迁的主要路径为：首先完成土地的国家所有制属性（1982年），其次在沿海开放城市实践有偿使用制度（1987年，深圳），然后在此基础上进行内陆推广（1993年），最后通过《房地产管理法》和《土地管理法》将城市土地资源配置纳入到市场化轨道（1994年）。在此过程中，土地价值的最大化成为城市空间发展模式、管理体系、政府角色变迁的主线，衍生出以开发区为主导的城市空间发展模式占据主导地位；同时，政府在土地财政的驱动下进行企业化转型；而城市内部开启了以地租竞价为原则的功能重构，城市边缘区因价格低廉促使了城市居住、工业的郊区化。另一方面，在土地价值的"寻租"过程中催生了城市空间的无序扩张特征，以商业开发、开发区、大学城等建设为代表的"圈地式"城市土地开发模式遍地开花[112]，造成土地的浪费。

因此，土地作为基本的空间生产要素，它与分税制、住房商品化相互关联，渗透在城市空间发展的各个方面，成为影响20世纪90年代以来城市空间发展的核心制度因素，其对城市空间结构的作用方式是通过土地配置方式的变化，实现城市资源的配置和主体利益博弈。

研究表明，制度变迁渗透在改革开放以来我国城市空间发展的各个领域。它作为一种外在机制，通过直接或间接的方式对西安城市空间扩展起到根本性作用。

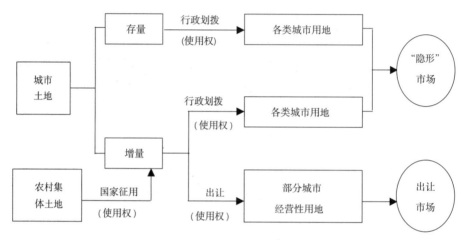

图6-4　中国城市土地流转示意图

（资料来源：毕宝德.中国房地产研究[M].北京：中国人民大学出版社，1994.）

（2）城市规划及空间结构影响

城市规划是影响城市空间发展的直接性制度。张京祥等人（2014年）的研究表明，改革开放以来我国城市规划变迁的主要内容为规划角色、价值导向、实现方式等方面（表6-2）。其中，规划角色从被动落实转变为促进经济增长的工具；价值导向随着国外空间规划理论（城市经济、城市社会、城市生态等相关理论）、方法（定量分析、系统控制等）的全面引入，从增补"欠账"城市功能逐步向服务经济增长转化，促进了城市规划体系的完善；实现方式从主动布局安排转向土地价值增值导向。在城市规划的科学化、经济化转型下，空间规划作为政府直接干预城市空间发展的工具，其地位逐步提升。

在此背景下，西安历经了两次城市总体规划，分布于两个不同发展阶段中，直接影响了两个阶段的城市拓展方向、功能布局、产业布局等。首先，对城市化的科学认知，使得"增量式"的城市规模扩展被合法化；区域化的引入开拓了城市空间发展的区域视角，有利于西安在整合区域范围内的资源的能力和地位的提高，也为城市内部发展提供人口、资源等提供了发展基础；其次，居住区、城市环路、卫星城等理论与方法的引介，引导了城市居住单元、道路结构、空间单元的现代化提升，促进了西安城市功能布局的科学性；

再次，伴随对空间价值认识水平的提高，城市规划的角色得到提升，在城市空间发展中的作用从单纯的物质空间渗透到社会利益协调层面，而这些变化反作用于城市规划与空间管理层面，促使了城市规划与社会价值、空间价值形成互动关系；最后，两次规划均将历史遗产保护纳入城市性质层面，在重视历史文化遗产本身价值的同时，延续了将前代遗产有机融入当代建设、尊前启新、新旧一体的规划传统，它与规划变革的叠加，为西安历史文化保护提供了基础。

改革开放以来中国城市空间规划历程(1978～2002年)　　　　　　　　表6-2

阶段	角色地位	价值导向	实现方式
1978～1984年	被动落实经济计划的空间载体	满足城市多样化功能需要，重构国家生产力布局	健全规划控制体系，主动布局安排
1984～1992年	开始一定的主动引领，有效管理建设	追求科学化、规范化、系统化的规划	理性分析、定量技术、系统控制、综合布局
1992～2002年	被动应对，促进经济增长的工具	服务经济增长需要，全面引鉴西方理论、方法	需求导向、土地增值导向、有限的规划控制

（资料来源:张京祥，罗振东.中国当代城乡规划思潮[M].南京:东南大学出版社，2014: 20-21.）

因此，城市规划对西安城市空间发展的影响主要体现为两点：第一，城市规划进步对城市空间结构的产生影响，体现为城市功能布局、道路结构、居住模式、产业格局和快速城市化、工业化、现代化的空间落位；城市规划与城市空间发展直接关联，城市规划成为城市主体利益博弈的工具。第二，西安城市规划传统对城市空间发展产生影响，体现为对城市历史文化遗存的保留与尊重，采取了以历史遗址保护为主导的拓展方向引导和空间管控，直接影响了西安城市古都风貌和城市空间强度的分异特征，它与地方人文精神、民俗文化等文化基因形成合力，成为地方智慧的思想渊源。

6.1.4　经济性因素

（1）产业演化及其空间影响

改革开放以来，西安产业结构演化具有阶段性特征，其中1992～2002年时期西安三产结构从"二、三、一"转变为"三、二、一"，同时，工业类型从传统"大出大进"向"民用化"转型；但重工业依然占据主导地位，从1978年的45%上升到1992年48%。在所有制结构中，全民所有和集体经济从主导转变为多种经济并存局面；1992年全民所有制经济与集体经济分别占据比例为65%和24%，多种经济与其他类型的经济分别为7.3%和3.6%[227]。

1992～2002年间西安城市经济总量、产业结构、资金来源、产权结构、产业类型等方面均发生了较大变化。人均GDP从1992年的2662元上升到2002年的11831元，年均 GDP 增长率 18% 以上（图 6-5），是 1978 ~ 1992 年时期的 1.3 倍左右；而工业化水平在 19% ~ 31% 之间曲折变化（自 1993 年以后），依然处于初级阶段。产业结构维持了"三、二、一"的结构特征（图 6-6），产业布局进入"退二进三"的发展时态中，以高新科技为主导的新型产业开始在城市边缘区兴起，形成连带的产业布局。"基本单位二普"数据表明，1991 ~ 2001 年间新增"新经济"占总数的 83.49%，主要包括电信、计算机应用服务、计算机软件及办公设备零售、房地产、中介代理性商务服务行业等[228]。国有经济、集体经济和其他经济比值处于波动变化中（图 6-7），国有经济和集体经济比值呈下降态势，其他经济比值整体上涨；产权结构的演变表明，国有经济的比值依然处于主导地位，市场化制度的调整对城市资源的配置合理化。在资金来源方面，1992 ~ 2002 年间自筹资金、国内贷款、其他资金的比值占据前三（图 6-8）其中、自筹资金占据主导地位，这与"内部填充"时期的构成相同。同时，利用外资的比例虽然整体上升，但占据比值较低，这与沿海城市存在较大差异。

产业结构的演化表明，在"三、二、一"产业结构逐步进入常态化的过程中，房地产的崛起推动了产业结构和产业布局的重构，带动了工业与居住的郊区化。同时，在计划经济的路径依赖下，国有企业一直处于主导地位，市场化的产业结构调整还处于演进当中。

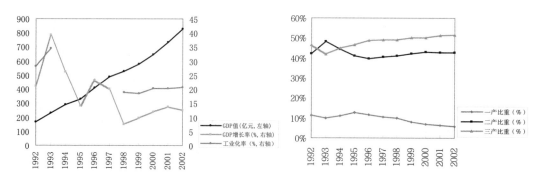

图 6-5　1992 ~ 2002 年西安经济产值变化图　图 6-6　1992 ~ 2002 年西安产业结构演化图

（资料来源：根据《西安统计年鉴》(2009 年) 相关数据绘制）　（资料来源：根据《西安统计年鉴》(2009 年) 相关数据绘制）

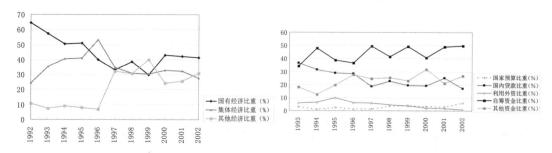

图 6-7　1992 ~ 2002 年西安工业产值比值变化图　图 6-8　1992 ~ 2002 年西安固定资产资金来源变化图

（资料来源：根据《西安统计年鉴》(2009 年) 相关数据绘制）　（资料来源：根据《西安统计年鉴》(2009 年) 相关数据绘制）

（2）全球化因素及其空间影响

20 世纪 80 年代以来的经济全球化进程使世界各国经济的相互依赖性不断增强。在此背景下，城市通过劳动分工实现功能整合促使了"城市—区域"的形成。学者普遍认为，全球化产生了城市空间发展的新增长动力（全球化的产业分工）、新经济组织（跨国公司）、新区位因子（门户区位、信息区位、航空网络区位、网络节点等）、新技术支撑（现代通信、信息技术等）[62]，它们改变了城市的原有的动力机制，促使了城市空间的重构与再生。

全球化对城市空间发展影响主要体现为四个方面：信息化使要素流动克服了时空阻隔，在压缩流动成本的同时，对城市实体产生了冲击；网络技术使传统的处所和距离感逐步消失，传统经济集聚区逐步衰落，一些新的中心快速兴起（Sassen，1996）；工业化改变了城市经济空间的主导要素，服务业经济和高技术产业空间快速成长；网络社会结构促成新社会空间形成，它与实体地理空间相互作用、相互叠置互补，构成了多形态、多构化、多功能的城市空间[62, 229]。相关研究表明，中国改革开放以来的制度—经济—社会转型与全球化进程同轨，它与中国制度的市场化转型相结合，构成了城市空间发展的外在动力。

与沿海城市相比，全球化对西安城市空间发展的影响比较缓慢，但与内陆型其他城市相比，西安城市与全球化的互动处于前沿。在 1978 ~ 1992 年时期，通过城市化、空间规划等理论的引介，纠正了计划经济时期的城市空间价值体系，逐步树立空间发展科学的认知体系；在 1992 ~ 2002 年时期体现为外资流入与外资企业入驻增加了城市建设的资金来源；在发展理念层面，注重区位层面的产业布局与资源整合，在此背景下，西安城市道路格局、资源整合及基础设施布局均趋向区域化；全球化作为一种发展时态，其带来的新技术、新产业、新增长点等动力，与制度的市场化形成合力，推动了西安城市空间发展的现代化进程。

6.1.5　技术性因素

技术的进步与应用为城市空间结构的现代化转型提供技术支撑，为城市空间发展及趋势提供更多可能。学者普遍认为，技术进步增进了城市功能空间新旧替代的速度，表征了城市聚集效应增强。将科技史与西安城市空间结构演进的时段相关联，1978 ~ 2002 年间技术进步对城市空间结构演进的影响主要体现在建造工程技术、交通工程技术、信息工程技术三个方面。

在建造工程技术方面，主要涉及建筑物和市政设施等。其中，高层建筑技术的大规模应用直接为城市空间"厚度"发展提供了可能。在西安城市空间结构演进的 1992 ~ 2002 年，高层建筑技术被迅速扩充到居住建筑上，在提高城市空间强度的同时，为城市的规模集聚提供了更多的承载空间。对照西安城市空间结构的演进历程，在1978～1992年营利性的商业空间引领城市空间高度和强度；1992～2002年时期，受经济的市场化影响，高层建筑向居住、商务、行政办公等功能延伸，推进了城市空间强度的整体提升。市政工程技术的进步，为城市化快速进程中的人口增长提供空间容量的技术保障。在西安城市空间结构演进中体现为污水处理厂、黑河给水工程、集中供暖等现代市政设施的建设，区域燃气管道运输、加气站点、储藏站点等清洁能源的应用技术提升了西安城市能源结构的转型，以及市政技术影响到城市功能空间的规模与区位。在发展历程中，市政工程技术广泛应用主要集中于1992～2002年，而在1978～1992年主要限定在污水处理厂、铁路汽化等一些国外很早就开始应用的技术，体现出了市场经济较利于新市政工程技术的快速、广泛应用。

在交通工程技术方面，立交桥、地下隧道、现代民用机场等建设中工程技术的应用，以及高速公路、铁路的电气化技术应用，压缩了时空成本，为西安城市拓展及区域化发展提供技术先导。在西安城市空间结构的发展历程中，这些技术的广泛应用主要集中于1992～2002年。

在信息工程技术方面，1978～2002年间西安通信工程技术进步主要体现为互联网、移动通信技术的应用。与同时段的沿海城市相比，西安信息工程技术的城市空间应用起步较晚，1992年开始有传呼网络，1996年建成的新纪元宾馆是第一座全电脑控制的建筑，2000年初互联网和移动电话才开始普及。新信息工程技术的应用，改变了传统的联通、交际方式，在提高空间效率的同时，促进了城市的现代化进程。

6.2　社会主体层面

改革开放以来的市场化、分权化调整与全球化相耦合，从根本上改变了中国城市空间发展的动力基础和空间配置方式，城市发展逐步进入"增长主义"时期。在此语境下，政府、企业和居民的角色发生了重大调整，分别代表着不同的利益诉求，三者之间关联与制约的关系构成了推动城市经济和空间发展的主体环境，进而影响着城市空间结构的演变进程。

6.2.1　政府层面

政府是城市空间发展的管理者与引导者，处于动力主体的顶端。改革开放以来政府角色演化体现为层级化与权力的自主化。各级政府作为制度供给的主体，在制度与空间的互动中承担主导作用。

其中，中央政府主导目标模式与路径选择，主要通过宏观经济调控、审批空间规划等方式直接干预城市空间结构演化；在制度供给方面，主要体现为土地有偿使用、户籍松动化、城市管理现代化、空间规划科学化、经济制度市场化、住房制度商品化、财务制度分税化等；经历了从"非正式"到"正式"、从初步市场化到深度市场化；通过这些制度供给，城乡要素进行市场化配置，进而影响城市空间结构的转型与重构[2, 230]。在西安层面，中央政府的制度供给主要包含"单列计划市"（1984年）、批复西高新和西经区为国家级开发区、实施"西部大开发"（2000年）和两版城市总体规划的审批。

中央政府在城市空间发展中的直接制度供给的城市总体规划的批复。1980年编制的《西安市城市总体规划（1980年—2000年）》与1983年通过国务院审批，将西安城市性质明确为："我国历史文化名城……把西安建设成为以轻工业、机械工业为主，科研、文教、旅游事业发达的……现代化城市。"[231]对比第二版总体规划与1992年的《西安土地利用现状图》表明，西安城市建设在总体规划的指导下，其功能布局、开发模式、城市性质、用地规模、道路结构等基本遵从了总体规划的相关内容，耦合度较高，表明规划制度的健全为空间建设有序开展提供了保障。但在人口规模层面，1992年超过了150万的近期人口规模。1995年编制的《西安城市总体规划（1995年—2020年）》于1999年通过国务院审批。在此规划的指导下，西安城市空间发展整体上遵从了总体规划的道路结构、功能区划，为1992～2002年西安城市空间有序发展提供了基础。同时，对比《西安城市土地利用现状图（2002年）》与《西安城市土地利用规划图（1995年—2020年）》表明，西高新、西经区的建设范围超出了规划范围，土地利用性质也存在差异，反映了空间规划存在的一些滞后性，与城市空间"增量式"发展需求存在错位，增加了地方政府在土地供给的难度，削弱了规划批复的约束力，在一定程度上纵容了城市空间依托主圈层蔓延的发展方式，加大了历史风貌区高度控制的难度。

地方政府的主要角色是在分权框架下，通过推动城市经济增长，引导公共投资、城市规划编制、土地供给等影响城市空间结构的演变进程。在市场化与分权化的制度调整过程中，地方政府的企业转型，使土地供给逐步成为其核心任务，主要方式是土地价格的调控和公共投资引导。在土地供给方面，在上位规划滞后和土地财政驱动下，地方政府与经济精英结盟，在促使城市土地开发的同时，容易导致土地开发与实际需求的错位，进而造成土地的浪费，因此，地方政府土地供给的科学性将对土地利用效率产生影响。在公共投资引领方面，地方政府往往通过重大基础设施的建设，推动融资方式的多元化，加强在主动控制和引导城市拓展方面的作用。如在1992～2002年间，新建市级图书馆、美术馆等文体设施，新建未央湖、国际会议中心、新纪元高尔夫球场（城市内）、"城运村"、"西部大学城"等新型空间，引导了城市边缘区的开发建设。

与西安城市空间发展时段相关联，在1978~1992年间的地方与中央的关系整体上维系了计划经济时期的关系，但在1992~2002年间，在土地有偿使用和分税制的实施下，地方政府的自主权加大，其在城市空间发展中的角色逐步扩大。

6.2.2 企业层面

伴随经济体制市场化改革，以市场为主导的城市资源调能力逐步凸显，它与制度的分权化合力下，催生了政治精英与经济精英的联盟[①]，城市空间发展进入"增长主义"时期（图6-9）[119]，城市空间发展过程成为主体之间利益博弈的过程。企业在价值最大化的促使下，通过空间生产成为城市空间的实施者，影响了城市空间结构的演化。尤其在1992年以来土地有偿使用、分税制、住房商品化的驱动下，城市功能空间在市场原则下其区位、强度、比例、尺度均在规模效应和集聚效应下发生重构与整合，进而促使了城市产业结构的演化，引领了城市空间结构的整体转型。

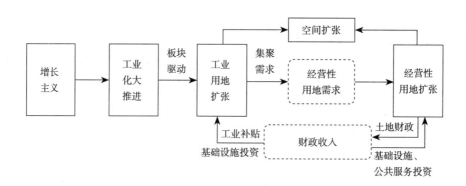

图6-9　增长主义下的城市空间发展路径

（资料来源：张京祥，赵丹，陈浩.增长主义的终结与中国城市规划的转型 [J].城市规划.2013（1）:45-55.）

6.2.3 市民层面

市民包括社区组织、非政府机构及全体市民，他们普遍以社区的形式参与城市空间发展，其在城市空间发展中主要作用是社会监督和利益抗争。在经济体制从计划经济向市场经济的转型过程中，政府逐步企业化并积极参与城市空间发展。在此背景下，地方政府部分利益诉求会出现非"公共利益"的现象，发生"与民争利"、"与市场争利"的寻租行为，存在政府、市场、社会之间的利益错位现象[232]；而政府与企业的"联盟"加剧利益错位的尺度，促使社会分异。因此，社会主体为保障公共利益，会通过公众参与、

---

① 何丹等人（2003）将政治精英定义为国家与社会管理者阶层等执政集团，将经济精英定义为经理人员阶层、私营企业主阶层，包括国家银行及其他国有大型企业负责人。

社会监督等方式与政府、企业抗争，以争取利益。因此，政府主体、市场主体、社会主体三者之间的博弈关系构成了城市空间发展的基本主体关系[223]。

6.3 层级耦合下的机制解释

动力因素对城市空间结构的演化是基础性的。其中，空间性因素是通过地理条件和历史遗址的约束力去塑造城市空间形态的功能布局。历史大遗址作为特殊性的空间性因素，成为西安城市空间的拓展方向、功能布局、空间强度的约束者。文化性因素对城市空间结构的影响体现为空间形制、文化内涵和功能布局。中国传统人居智慧的规划理念与国外规划思想一起影响了西安城市空间的性质与功能布局，使西安城市在现代化转型中维系了历史格局。秩序性因素通过分权化的制度供给，对城市空间结构演进起到控制性作用，尤其是土地制度、户籍制度、住房制度的调整，改变城市空间的发展动力，使西安城市空间发展从稳定增长逐步向急速增长过渡。经济性因素通过产业结构、投资基金等方式影响了城市规模演化。技术性因素作为引导力，促进了城市的圈层格局。

在社会主体层面，政府、企业、市民之间的互动关系以直接或间接的方式影响城市空间。在此过程中，动力因素是社会主体的作用对象，它与社会主体的互动关系相关联，相互之间的耦合关系形成了城市空间结构演化的机制。鉴于此，以社会主体与动力因素的耦合关系为基准，下面分阶段对西安城市空间结构演化机制进行解释。

6.3.1 1978～1992年的机制解释

意识层面对"计划"与"商品"的争论，促使了本阶段在经济体制中确立了计划与商品并存的"双轨制"模式。同时，国家通过单列计划市的方式赋予西安市一级经济管理权限，扩大西安经济管理权限和经济调节能力，地方政府从定指标、列项目、分投资、分物资的角色向转变为经济社会发展战略的引领者。秩序性因素成为政府作用的核心对象，通过制度供给，首先对乡村和城市分别采取"家庭联产承包制"（1978～1984年）和"包干"（1984年以后）的生产组织方式改革；其次对相关的财务制度、投资体制、宏观经济管理等方面进行调整，全面推行厂长（经理）负责制和经营承包责任制，在小型工商业企业实行"全民所有，集体经营，照章纳税，自负盈亏"，促进多种经济成分发展[184]；同时住房制度实行"三三制"改革。这些秩序性因素的调整促使了地方政府在城市空间发展中的主导地位，而企业在经济发展的角色逐步凸显。在此影响下，1978～1992年间西安生活型用地增幅是生产型用地增幅的3倍，计划经济时期有欠账的居住、公共设施用地成为功能增补的核心内容，城市道路、供水、通信、煤气等发生明显改善，商业空间的空间强度引领了城市的最高强度，并呈现轴向分布的特征。

秩序因素与行为主体的互动，影响了产业结构与和社会结构的转型。胡家庙和东北郊工业区作为市属企业的集聚地，率先实施"轻工业"转型；而商业空间在多种经济并存中成为解决就业和产生经济效益的核心场所，以此为主导的第三产业得到迅速发展，城市产业结构从"二、三、一"转变为"三、二、一"。三线企业在本阶段开始回迁，新建了城市边缘区的电子城。以此为依托，西安以电子信息为代表的新型产业开始在城市边缘区集聚，西高新引领了城市产业结构的转型。同时城市化水平从1978年的32.12%，上升到1992年的37.94%。1992年城市人口为规模为1978年的2倍；居住分异在住房制度"三三制"的改革下，空间分异体现为"单位福利"差异下的居住分异，而城市化水平的提高是农业人口与外地人口成为西安城乡间主要的通勤人流[179]。

本阶段的机制解释表明，空间性因素与文化性因素对本阶段城市空间拓展方向、功能布局和城市形态产生重要影响，在避让阿房宫、汉长安、曲江池、大明宫等大遗址的规划决策下，城市空间拓展方向被限定在"西南"和"东南"两个方向。在此基础上，新拓展的工业用地限定在城市的"西南"和"东南"方向；而新增的居住用地在单位制的路径依赖下，延续单位制的空间布局模式。在城市形态方面，保持了城市整体的历史格局，维系了以钟楼为中心的南北文化轴线和"经纬涂制"的道路网络；以历史遗址风貌保护为主导的城市高度管控，引导了城市空间强度分异。在主体层面，地方政府和企业的权力角色逐步提升，市民作为主体的行为主要反映在需求层面。在动力因素层面，秩序性因素在经济结构和社会结构转型起到控制性作用，引领了经济性因素对城市空间发展的作用；而空间性因素和文化性因素共同约束了物质空间结构。

6.3.2　1992～2002年的机制解释

本阶段我国在沿海经济试点的成功基础上，确立了建设社会主义市场经济体制，开始将沿海的经济试点成果向内陆推广。在此背景下，秩序性因素以制度的"市场化"和"市场分权"调整为先导，进行土地有偿制度的实施（1993年）、财政分配的"分税制"改革（1994年）、住房制度的货币化改革（1998年），同时对国有企业进行市场化改革、企业组织方式多元化、空间规划转为"增量式"导向等。秩序性因素的调整，开启了地方政府的企业化转型，而企业以市场为载体，逐步占据经济发展的主体，同时，市民在争取自身利益中，成为社会公共利益的主体。因此，秩序性因素重构了社会主体的角色，促成了以市场为纽带的主体之间的博弈关系。

市场化的秩序性因素调整，促进了经济性因素对城市空间结构的干预能力；构建在"地租竞价原理"下的企业选址行为成为城市功能构成的主要动力；功能增补以"营利型"为主导，居住和商业用地急剧增长；同时，工业用地进行了郊区化位移，商业用地在市场集聚效益和规模效益下，一方面形成城市商业中心，另一方面形成点、线、面结合的层级网络；空间尺度因用地性质的调整，呈现内部破碎、外部规整的特征；空间强度呈现区位差异下的"圈层分异，点轴引领"特征；此外，以开放区为主导的城市发展模式主导城市外部拓展，城市外部拓展速度加快。

在此过程中，历史遗址作为特殊性的空间因素，在约束城市空间拓展方向、空间强度的同时，促进了历史遗址临近区域的功能重构，居住、商业、休闲空间逐步与历史遗址区靠拢，文化产业有了一定的发展基础。

在城市以"增量式"为主导的发展路径下，西安传统城市规划思想对城市形态、文化内涵等方面的影响力减弱，再加上规划审批的滞后性，本阶段的传统风貌和历史轴线的文化内涵遭到一定的破坏。

在城市快速发展背景下，技术性因素以建造工程技术和道路工程技术为主导，不断建设高层建筑，城市空间强度在局部地段大幅提升；而道路工程技术以立交桥和高速公路建设技术为主导，推进了三环路快速路的建设和二环路的全线贯通。通信技术还处于初级阶段。

本阶段的机制解释表明，秩序性因素和经济因素对城市空间结构演化起到主导性作用，而空间性因素和文化性因素起约束作用，其约束能力与上阶段相比在减弱，技术性因素起到引导性作用。在主体层面，政府、企业、市民的主体关系逐步明晰，而政府与企业的联盟使城市空间发展进入"增长主义"阶段。

6.4　本章小结

本章主要结论为：

第一，在动力因素方面，空间性因素和文化因素是西安城市空间结构演化特殊性的主要成因，使城市在拓展中避让历史遗址区，呈现历史风貌管控下的空间分异特征。文化因素以文化内涵、城市形制与价值体系渗透在城市的历史保护与更新中，维系了城市内在的空间秩序和"天人合一"的文化内涵。但伴随城市空间的"增量"发展，空间性因素作用力逐步增强，而文化性因素对城市的文化内涵和内在秩序的影响逐步减弱。

此外，秩序性因素为城市空间发展提供了控制力，它通过分权化的制度供给对城市空间结构演进起到控制性作用，尤其是土地制度、户籍制度、住房制度的调整，主导了空间性因素、经济性因素的空间作用方式，影响了城市空间结构演化。在演化时段中，1978～1992年间秩序性因素以"行政分权"和"初步市场化"为核心，以间接的方式作用于城市空间，使城市空间布局呈现计划配置的空间属性；而在 1992～2002 年间以"市场分权"为主导，促进了政府、企业、市民主体的形成，并在市场导向下形成了"增长主义"的发展特征。

经济性因素通过产业结构、投资基金等方式影响了城市规模演化。伴随秩序性因素的调整深入，以经济规律规模效益、集聚效益等经济规律对城市空间的影响逐步增强，促使了城市功能以"地租竞价"为核心的功能重构和圈层分异。而技术因素为城市拓展提供技术工具，促进了道路网络的区域化和空间强度的提高。

第二，在社会主体层面，政府的主要角色是制度供给，企业的角色是发展经济，市民的角色是权益争取。在 1978～1992 年间的"行政分权"下，地方政府和企业的主体地位上升，城市发展体现为政府主导下的计划配置特征；而在 1992～2002 年间的"市场分权"下，政府、企业、市民的角色和权益逐步明晰，城市空间发展成为主体之间的利益博弈过程。

7　结论与展望

本书以改革开放以来的西安城市空间结构演进为对象，运用地图还原、系统分析、实地调研等定性与定量相结合、动态与静态相结合的方法，以"过程分析"—"特征识别"—"机制解释"为路径，研究了西安城市空间结构的时段脉络、过程特征、动力机制等，主要研究结论有：

7.1　研究结论

（1）历史分期

确立以空间拓展、制度变迁、经济发展、社会演进为要素的分期方法，将改革开放至 21 世纪初的西安城市空间结构演进时段确立为两个阶段。

针对历史分期方法的不足，提出以空间拓展、制度变迁、经济发展、社会演进为分期要素，通过各要素演化的耦合节点判识演化阶段的分期方法。以此为依据，在对西安城市分期要素的时段研究的基础上，确定西安城市空间结构演进为两个阶段，并以为基础总结两个阶段西安的经济—社会—空间—制度背景。研究表明，1978 ~ 1992 年间属于市场经济争论与初步探索阶段，经济—社会稳定增长，城市空间以"内部填充"和"边缘扩展"为拓展方式，城市规模处于缓慢拓展中；而 1992 ~ 2002 年间属于市场经济确立时期，市场化、分权化的制度改革使西安城市空间规模进入急速增长期，社会转型加剧，边缘开发区成为城市空间拓展的主要动力。

（2）特征识别

在构建"过程分析体系"的基础上，通过"空间格局"和"功能类型"的特征叠加，识别了西安城市空间演进的阶段特征。

鉴于城市形态学与城市空间结构演进研究的契合性，以此为理论基础，构建了包含"空间格局演化"和"功能类型演化"等内容的"过程分析体系"。在此基础上，分阶段解析西安城市空间结构特征。

① 1978 ~ 1992 年间的西安城市空间结构特征

避让历史遗址、遵从历史风貌保护的原则主导了本阶段的城市空间结构演化，城市空间结构从"一城、多组团"演化为非均衡的"圈层＋扇形"结构。功能布局以计划安排为主导，郊区历史遗址被工业用地包围，历史遗址保护呈现"被动式"的特征，其与城市的产业结构并未形成明显关联，城市的功能结构具有计划经济的属性特征。在"空间格局"演化方面，功能区位形成"圈层分异、点轴雏显"的空间布局，生产性用地与生活性用地并轨拓展，而空间强度呈现历史风貌管控下的强度分异特征。

"功能类型"中工业用地占据主导地位，引领了城市规模的扩展速度和扩展区位，它以老工业区内的"军转民"和新工业区内"新型产业"入驻为脉络，促使了空间布局的外圈层化特征。居住、道路从属于工业用地的拓展和工业类型的转型，以"非营利"方式配套布局，维持了计划经济时期的空间布局模式。而商业用地中，专业市场和现代城市中心雏形形成。公共空间以初级公共设施的建设为主导，它与商业用地成为城市空间联系的纽带，带动了社会行为的演进。

② 1992 ~ 2002 年间的西安城市空间结构特征

大遗址保护和边缘开发区主导了城市拓展方向与功能布局，城市功能呈现"营利型"的增补特征；地块尺度在市场属性下呈现"外部规整、内部破碎"的特征；空间强度呈现"区位分异、点轴引领"的市场调配特征；同时，历史风貌的管控是空间强度呈现圈层分异的特征，历史遗址成为临近区域用地重构的动力。

"功能类型"演化表明，在市场原则下，功能进化与城市产业结构进化同轨，功能叠加与集群发展构成了本阶段城市功能演化的核心特征。工业用地在郊区化发展中，界定着城市的外轮廓；居住用地通过危旧房的拆迁改造、老城区内填充插补、边缘开发区建设，在区位上占据第一和第二圈层，居住分异的因素转向个人收入；道路形成"三环、六射线"的结构，促使了以西安为中心的关中城市群的形成，影响了西安城区人口分布的动态特征；商业空间逐步集聚形成现代商业体系，商业类型向"连锁超市"、"百货大厦"等现代化商业形式转型。公共空间以功能的现代化升级为核心，类型趋向多元化，促成了现代化的公共空间层级网络形成。

（3）机制解释

在构建"机制解释体系"的基础上，通过"动力因素"和"社会主体"两个层面的机制耦合，解释了西安城市空间的演进机制。

基于伯恩斯的"能动者—系统动态学"理论启示，借鉴栾峰等人的相关研究结论，构建了城市空间结构的"机制解释体系"，并通过"动力因素"和"社会主体"两个层面的耦合关系解释西安城市空间结构的演化特征。

动力因素的空间响应机制表明，空间性因素和文化因素是西安城市空间结构演化特殊性的主要成因。空间性因素通过历史遗址的空间区位和空间管控，使城市在拓展中避让历史遗址区，在空间强度上呈现历史风貌管控下的空间分异特征。文化因素以文化内涵、城市形制与价值体系等方式，渗透在城市的历史保护与更新中，维系了城市内在的空间秩序。秩序性因素以直接和间接的方式影响城市经济结构、社会结构、物质结构。在因素演化中，1978 ～ 1992 年间以"行政分权"和"初步市场化"为核心，而在1992 ～ 2002 年间以"市场分权"为主导，促使了政府、企业、市民主体的形成。经济性因素是通过产业结构调整、投资基金构成等方式，在经济规律规模效益、集聚效益作用下，对城市空间的影响逐步增强，促使了城市功能的重构和圈层分异。而技术因素促进了道路网络的区域化和空间强度的提高。

社会主体的空间响应机制表明，政府主要的角色是制度供给，企业的角色是发展经济，市民的角色是权益争取。在 1978 ～ 1992 年间的"行政分权"下，地方政府和企业的主体地位上升，城市发展体现为政府主导下的计划配置属性；而在 1992 ～ 2002 年间，在"市场分权"下，政府、企业、市民的角色和权益逐步明晰，并形成互动关系，城市空间发展成为主体之间的利益博弈过程，城市空间发展进入"增长主义"时期。

（4）演进启示

1978 ～ 2002 年西安城市空间结构演进正处于中国市场化、分权化的过渡阶段，同时是全球化逐步渗透的时段，外力干预对城市空间结构的演进作用较强，但同时，西安自身的文化保护、规划智慧、发展模式西安城市空间结构的科学、合理转型提供了保障。

1978 ～ 2002 年间西安城市空间结构演进的经验主要体现为规划智慧、文化遗址的产业化保护与开发、发展时序的科学性三个方面。

在规划智慧层面，首先，采取了避让历史文化遗址的发展方向，传承了西安城市空间发展遗产，促使了西安城市空间特色的营造与建设，使中国传统规划思想在城市建设中一脉相承，赋予了西安在城市空间建造和建设中的特殊内涵；其次，城市规划的科学化转型逐步适应了经济体制的市场化转型过程，区域产业分工、交通的快速化促进了区域经济的发展，为西安城市空间扩展和内部更替提供动力；最后，在城市内部对环城公园、大雁塔区进行了开放空间的改造，开启了公共空间的开放化新方向，在西北地区具有引领作用。

在文化保护方面，跳出了单纯对物质空间保护的局限性，将历史文化轴线、周边山水条件、地域民俗纳入其中，形成"山—水—城"三位一体的保护方式，维系了西安的历史传统和文化特色。同时，对历史遗址的保护从"博物馆"式的保护转向历史资源的利用和再挖掘模式，在保护的同时促进了城市文化产业的发展，成为城市经济发展的新型产业类型。

在发展时序方面，整体上历经了由"南"向"南—北"向的拓展历程，这一发展时序适应了西安自身城市经济的发展需要，也是一种低成本、高效率的发展模式。同时，新型工业区的建设注重与旧城区城市功能的空间联系和功能补充。

7.2　研究创新

（1）研究时段

1978～2002年是西安城市空间结构转型的关键时期，聚焦了城市空间结构演化的复杂性与特殊性，对此时段的研究将对当前城市空间发展具有直接启示作用，同时弥补了关于此时段系统研究的薄弱点。

针对西安城市空间结构研究在1978～2002年时段的零碎化特征，本书选取1978～2002年为研究时段，从物质、经济、社会、制度等综合要素中系统解析城市空间结构演化轨迹和演化特征，弥补了对此时段系统研究的薄弱性，与其他研究时段形成无缝对接，促成西安城市空间结构研究时段的全覆盖，为总结西安空间结构演进的整体规律提供基础。

（2）研究方法

以城市形态学为理论基础，构建城市空间结构的"过程分析体系"，拓展了城市形态学的应用领域。

鉴于城市形态学与城市空间历史研究的契合性，借鉴其多层级研究和类型研究的方法，构建了以"空间格局"和"功能类型"为内容，以类型特征叠加为技术措施的"过程分析体系"。其中，"空间格局"是以功能区位、功能比例、空间尺度、空间比例为内容，研究总体演化过程；"功能类型"是以居住、工业、商业、道路、公共空间为对象，研究功能系统演化过程。"过程分析体系"契合了城市空间历史研究的基本逻辑，拓展了城市形态学的应用领域，在方法应用上具有创新性。

（3）研究结论

制度、经济、文化、技术因素推动了西安城市空间结构演化，使其呈现工业郊区化、功能圈层分化、空间强度梯度化。同时，大遗址空间布局对城市形制、功能布局、拓展方向、空间强度、内部秩序产生显著影响，使西安城市空间演化具有自身特殊轨迹。

西安作为中国传统城市典范，在城市发展中具有"尊前启新、新旧一体"的规划传统，保留了秦、汉、唐、明清等时期的众多历史大遗址，与小雁塔、大雁塔、钟楼等共同维持了城市的空间秩序和人文内涵。在历史文化遗产保护与西安文化性因素的耦合下，城市空间发展呈现避让历史遗址、维系空间秩序下的城市形制、功能布局、拓展方向、空间强度等特征，并产生了以历史遗址为主导的城市空间开发模式，促使了历史遗址临近区域的功能重构。文化产业作为一种新型产业出现，为城市空间发展遵从历史遗址拓展提供内在动力，历史遗址保护与发展形成共生共融的可持续发展的互动之中。同时，改革开放以来的制度、经济、文化、技术推动了城市空间结构的演化，其发展轨迹具有西安自身的特殊性。

7.3 研究展望

本书研究是基于特定对象和特定时段的研究，所确立的研究体系是否具有普适性，还需进一步拓展研究，主要拓展方向为：

（1）研究对象向历史城市拓展

在当前"一带一路"发展战略背景下，沿线历史城市迎来保护与发展的转折期，如何将西安城市空间结构的研究体系应用到"一带一路"沿线的历史城市研究中，对"一带一路"城市文脉传承具有重要意义。

（2）研究方法向新方法应用拓展

西方城市空间结构研究表明，方法论的先进性决定了城市空间结构及相关研究的方向和深度。基于对城市形态学方法的应用经验，在继续完善研究体系的同时，尝试不同学科下的新方法应用研究，注重信息化和智能模拟方法的探索。

（3）研究领域向发展对策拓展

本书对西安城市空间结构的研究属于历史研究，如何将历史研究与当前的城市发展相结合，尤其基于城市自身发展轨迹的基础上，提出未来发展的策略研究，成为未来研究的主要目标。

参考文献

[1]   郑莘，林琳 .1990 年以来国内城市形态研究述评 [J]. 城市规划，2002（07）：59-64.

[2]   黄亚平 . 城市空间理论与空间分析 [M]. 南京：东南大学出版社，2002.

[3]   Foley，L.D. An ApproaCh to Metropplitan Spatla1 Structure[M]//Webber，M.M. et. a1. Exploration into Urban Structure. University of Pennsylvanian Press，1964：63-73.

[4]   唐子来 . 西方城市空间结构研究的理论和方法 [J]. 城市规划汇刊，1997（6）：1-11.

[5]   Harvey，D.The socia1 Justtice and the C1ty[M].Oxford：B1ackwell，1988.

[6]   冯维波 . 试论城市空间结构的内涵 [J]. 重庆建筑，2006（Z1）：31-34.

[7]   武进 . 中国城市形态：结构、特征及其演变 [M]. 南京：江苏科技出版社，1990.

[8]   胡俊 . 中国城市：模式与演进 [M]. 北京：中国建筑工业出版社，1995.

[9]   柴彦威 . 中国城市的时空间结构 [M]. 北京：北京大学出版社，2002.

[10]   朱喜钢 . 城市空间集中与分散论 [M]. 北京：中国建筑工业出版社，2002.

[11]   刘先觉 . 现代建筑理论 [M]. 北京：中国建筑工业出版社，2000.

[12]   C. 亚历山大 . 建筑的永恒之道 [M]. 赵兵译 . 北京：中国建筑工业出版社，1989.

[13]   L Mumford.Authoritarian and Democratic Technics[J]. Technology & Culture，1964，5（1）：1-8.

[14]   Henr1 Lefebvre. The ProdUCtion of Space[M]. Oxford UK & Cambridge USA：B1ackwell，1991.

[15]   顾朝林，甄峰，张京祥 . 聚集与扩散：城市空间结构新论 [M]. 南京：东南大学出版社，2000.

[16]   冯健 . 转型期中国城市内部空间重构 [M]. 北京：科学出版社，2004.

[17]   Anas，A.R.Arnott and K.A.Small.Urban Spatial Structure[J].Journal of Economic Literature，1998，36：1426-1464.

[18]   付磊 . 全球化和市场化进程中大都市的空间结构及其演化 [D]. 上海：同济大学，2008：9-10.

[19]   栾峰 . 改革开放以来快速城市形态变化的成因机制研究 [D]. 上海：同济大学，2004.

[20]   刘为力 . 试论空间体验的内涵 [J]. 建筑与文化，2012（2）：104-106.

[21]   张沛，程芳欣，田涛 ."城市空间增长"相关概念辨析与发展解读 [J]. 规划师，2011，27（4）：104-108.

[22]   杨红军 . 河谷型城市空间拓展探析 [D]. 重庆：重庆大学，2006：97.

[23]   许彦杰，陈凤，濮励杰 . 城市空间扩展与城市土地利用扩展的研究进展 [J]. 经济地理，2007（3）：296-301.

[24]   段进 . 城市空间发展论 [M]. 杭州：江苏科学技术出版社，1998：4-18.

[25]   沈磊 . 快速城市化时期浙江沿海城市空间发展若干问题研究 [D]. 北京：清华大学，2004.

[26] 白明英 . 试析城市地理学的本质、学科性质及其研究范畴 [J]. 山西大学师范学院学报（哲学社会科学版），1998（3）：64.

[27] 黄亚平 . 城市空间理论与空间分析 [M]. 南京：东南大学出版社，2002：101-109.

[28] 周春山，叶昌东 . 中国城市空间结构研究评述 [J]. 地理科学进展，2013（7）：1030-1038.

[29] 高晓路，浅见泰司 . 市场学方法与城市规划研究 [J]. 城市规划，2002（5）：6-13.

[30] 刘淑虎，任云英，马冬梅，肖轶 . 中国市场经济体制确立以来城市内部空间结构研究进展与展望 [J]. 现代城市研究，2015（5）：35-42.

[31] M Casteels, CWTV Roermund, L Schepers, L Govaert, HJ Eyssen[J]. Journal of Inherited Metabolic Disease, 1989, 12（4）: 415-22.

[32] Brotchie，F J. The future of urban form：the impact of new technology.Deficient oxidation of trihydwoxycoprostanic acid in liver homogenates from patients with peroxisomal diseases[M]. London New York：Routledge，1985.

[33] 杨永春 . 西方城市空间结构研究的理论进展 [J]. 地域研究与开发，2003（8）：1-5.

[34] Pacoima M. Urban Geography：A Global Perspective[M].London New York：Routledge，2001.131-156.

[35] 吴启焰，朱喜钢 . 城市空间结构研究的回顾与展望 [J]. 地理学与国土研究，2001（5）：46-50.

[36] Fishman，R.America's New City[J].The Wilson Quarterly，1990，14.

[37] Garreau，J.Edge City[M].New York：Donbleday，1991.

[38] Lynch，K.Good City Form[M].Cambridge：Harvard University Press，1980.

[39] Richardson，R.Globalization.Social Theory and Global Culture[M].London：Sage，1992.

[40] Krugman，P.Space：The Final Frontier[J].Journal of Economic Perspectives，1998，12（2）：168.

[41] 涂妍，陈文福 . 古典区位论到新古典区位论：一个综述 [J]. 河南师范大学学报（哲学社会科学版），2003（5）：38-42.

[42] 张建军 . 城市空间结构发展模式及策略选择研究：以沈阳市为例 [D]. 上海：同济大学，2007.

[43] 刘怀玉 . 西方学界关于列斐伏尔思想研究现状综述 [J]. 哲学动态，2003（5）：21-24.

[44] 邓清 . 城市社会学研究的理论和方法 [J]. 城市发展研究，1997（5）：25-28.

[45] 夏建中 . 新城市社会学的主要理论 [J]. 社会学研究，1998（4）：47-53.

[46] 袁丽丽 . 城市化进程中城市用地结构演变及其驱动机制分析 [J]. 地理与地理信息科学 .2005,21（3）：5l-55.

[47] 熊国平 .90 年代以来我国城市形态演变的特征 [J]. 新建筑，2006（3）：19-21.

[48] 刘志丹，张纯，宋彦 . 促进城市的可持续发展：多维度、多尺度的城市形态研究——中美城市形态研究的综述及启示 [J]. 国际城市规划，2012（2）：47-53.

[49] 赖清华，马晓冬，谢新杰，谢思超，陈丙林 . 基于空间句法的徐州城市空间形态特征研究 [J]. 规划

师 .2011（6）: 96-100.

[50] 顾朝林，陈振光 . 中国大都市空间增长形态 [J]. 城市规划，1994（6）: 45-50.

[51] 王洁晶，汪芳，刘锐 . 基于空间句法的城市形态对比研究 [J]. 规划师，2012（6）: 96-101.

[52] 叶昌东，周春山 . 中国特大城市空间形态演变研究 [J]. 地理与地理信息科学，2013（5）: 70-75.

[53] 谷凯 . 城市形态的理论与方法：探索全面与理性的研究框架 [J]. 城市规划，2001（12）: 36-41.

[54] 赵晶，徐建华，梅安新 . 城市土地利用结构与形态的分形研究：以上海市中心城区为例 [J]. 华东师
范大学学报（自然科学版），2005（3）: 78-84.

[55] 罗江华，梅昀，陈银蓉 . 柳州市城市土地利用空间格局演化特征分析 [J]. 中国人口 • 资源与环境，
2008（1）: 145-148.

[56] 刘贤腾，顾朝林 . 解析城市用地空间结构：基于南京市的实证 [J]. 城市规划学刊，2008（5）: 78-84.

[57] 李永乐，吴群，舒帮荣 . 城市化与城市土地利用结构的相关研究 [J]. 中国人口 • 资源与环境，2013（4）:
104-110.

[58] 杨荣南，张雪莲 . 城市空间扩展的动力机制与模式研究 [J]. 地域研究与开发，1997（2）: 1-4.

[59] 王宏伟 . 中国城市增长的空间组织模式研究 [J]. 城市发展研究，2004（1）: 28-31.

[60] 乔标，何小勤 . 北京市城市用地空间扩张特征与机理 [J]. 国际城市规划，2009（2）: 93-99.

[61] 闫梅，黄金川 . 国内外城市空间扩展研究评析 [J]. 地理科学进展，2013（7）: 1039-1050.

[62] 张京祥，罗震东，何建颐 . 体质转型与中国城市空间重构 [M]. 南京：东南大学出版社，2007（4）: 79.

[63] 许宗卿 . 北京市商业活动空间结构研究 [D]. 北京：北京大学，2000.

[64] 闫小培，周春山，冷勇，陈浩光 . 广州 CBD 的功能特征与空间结构 [J]. 地理学报，2000（4）:
475-487.

[65] 吕拉昌 . 新经济时代我国特大城市发展与空间组织 [J]. 人文地理，2004（2）: 17-21.

[66] 夏春玉 . 关于我国零售业态与立地发展趋势的研究 [J]. 中国流通经济，2000（5）: 23-25.

[67] 管驰明，崔功豪 . 中国城市新商业空间及其形成机制初探 [J]. 城市规划汇刊，2003（6）: 33-36.

[68] 曹嵘，白光润 . 交通影响下的城市零售商业微区位探析 [J]. 经济地理，2003（2）: 247-250.

[69] 赵西君，何燕，宋金平，吴殿廷 . 城市专业化商业街空间分布特征及形成机理研究：以西安市为例
[J]. 地域研究与开发，2008（1）: 42-46.

[70] 汪劲柏，赵民 . 我国大规模新城区开发及其影响研究 [J]. 城市规划学刊，2012（5）: 21-29.

[71] 张晓平，刘卫东 . 开发区与我国城市空间结构演进及其动力机制 [J]. 地理科学，2003（2）: 340-345.

[72] 娄晓黎，谢景武，王士君 . 长春市城市功能分区与产业空间结构调整问题研究 [J]. 东北师大学报（自
然科学版），2004（3）: 101-107.

[73] 魏心镇 . 关于高技术产业及其园区发展的研究 [J]. 经济地理，1991（1）: 6-11.

[74] 王缉慈 . 高新技术产业开发区对区域发展影响的分析构架 [J]. 中国工业经济，1998（3）: 54-57.

[75] 顾朝林，石楠，张伟. 中国高新技术区综合发展评价 [J]. 城市规划，1998（4）：21-24.

[76] 甄峰，黄朝永，罗守贵. 区域创新能力评价指标体系研究 [J]. 科学管理研究，2000（6）：5-8.

[77] 黄龙云. 中国经济技术开发区发展研究 [J]. 中山大学学报（社会科学版），1995（1）：32-39.

[78] 李俊莉，王慧，曹明明. 开发区发展对我国城市位序结构的影响分析 [J]. 城市发展研究，2004（4）：55-58.

[79] 王兴中. 城市社区体系规划原理 [M]. 北京：科学出版社，2012：23.

[80] 许学强，胡华颖，叶嘉安. 广州市社会空间结构的因子生态分析 [J]. 地理学报，1989（4）：385-399.

[81] 郑静，许学强，陈浩光. 广州市社会空间的因子生态再分析 [J]. 地理研究，1995（2）：15-26.

[82] 周春山，刘洋，朱红. 转型时期广州市社会区分析 [J]. 地理学报，2006（10）：1046-1056.

[83] 虞蔚. 城市社会空间的研究与规划 [J]. 城市规划，1986（6）：25-28.

[84] 李志刚，吴缚龙. 转型期上海社会空间分异研究 [J]. 地理学报，2006（2）：199-211.

[85] 杨上广. 大城市社会空间结构演变研究：以上海市为例 [J]. 城市规划学刊，2005（5）：17-22.

[86] 冯健，周一星. 转型期北京社会空间分异重构 [J]. 地理学报，2008（8）：829-844.

[87] 顾朝林，王发辉，刘贵丽. 北京城市社会区分析 [J]. 地理学报，2003（6）：917-926.

[88] 周素红，闫小培. 广州城市居住—就业空间及对居民出行的影响 [J]. 城市规划，2006（5）：13-26.

[89] 张力，李雪铭，张建丽. 基于生态位理论的居住区位及居住空间分异 [J]. 地理科学进展，2010（12）：1548-1554.

[90] 武文杰，刘志林，张文忠. 基于结构方程模型的北京居住用地价格影响因素评价 [J]. 地理学报，2010（6）：676-684.

[91] 周春山，江海燕，高军波. 城市公共服务社会空间分异的形成机制：以广州市公园为例 [J]. 城市规划，2013（10）：84-89.

[92] 宋伟轩，吴启焰，朱喜钢. 新时期南京居住空间分异研究 [J]. 地理学报，2010（6）：685-694.

[93] 周华. 基于特征价格的西安市住宅价格空间分异研究 [D]. 西安：西北大学，2005.

[94] 刘璐. 城市居住空间分异研究：以成都为例 [D]. 成都：西南财经大学，2006.

[95] 富毅. 基于特征价格的杭州市住宅价格空间分异研究 [D]. 杭州：浙江大学，2006.

[96] 兰峰，张凡. 西安市居住空间分异特征及形成机理研究 [J]. 统计与信息论坛，2012（5）：92-98.

[97] 陶海燕，黎夏，陈晓翔，刘小平. 基于多智能体的地理空间分异现象模拟：以城市居住空间演变为例 [J]. 地理学报，2007（6）：579-588.

[98] 王兴中. 中国城市生活空间结构研究 [M]. 北京：科学出版社，2004.

[99] 刘淑虎，任云英，马冬梅. 转型期中国城市社会空间结构研究述评 [J]. 开发研究，2014（6）：12-15.

[100] 顾朝林，C·克斯特洛德.北京社会极化与空间分异研究 [J]. 地理学报，1997（5）: 385-393.

[101] 李志刚，吴缚龙，刘玉亭. 城市社会空间分异: 倡导还是调控 [J]. 城市规划汇刊，2004（6）: 48-52.

[102] 周春山,江海燕,高军波.城市公共服务社会空间分异的形成机制:以广州市公园为例 [J]. 城市规划，2013（10）: 84-89.

[103] 谭日辉.北京社会空间格局的发展与优化研究 [J]. 城市发展研究，2014（1）: 84-89.

[104] 冯健，周一星.郊区化进程中北京城市内部迁居及相关空间行为: 基于千份问卷调查的分析 [J]. 地理研究，2004（2）: 227-242.

[105] 宋金平，王恩儒，张文新等.北京住宅郊区化与就业空间错位 [J]. 地理学报，2007（4）: 387-396.

[106] 孟繁瑜，房文斌.城市居住与就业的空间配合研究: 以北京市为例 [J]. 城市发展研究，2007（6）: 87-94.

[107] 周素红，刘玉兰.转型期广州城市居民居住与就业地区位选择的空间关系及其变迁 [J]. 地理学报，2010（2）: 191-201.

[108] 邓化媛，张京祥，刘和林.经济适用房的制度困境及完善建议 [J]. 江苏建材，2007（3）: 56-58.

[109] 张艳，柴彦威.生活活动空间的郊区化研究 [J]. 地理科学进展，2013（12）: 1723-1731.

[110] 张建坤，李灵芝，李蓓，秦玲，高旭阳.基于历史数据的南京保障房空间结构演化研究 [J]. 现代城市研究，2013（3）: 104-111.

[111] Wu F.The entrepreneurial city as the state project: Shanghai's reglobalisation in question[J].Urban Studies，2003，40（9）: 1673-1698.

[112] 张京祥.洪世键.城市空间扩张及结构演化的制度因素分析 [J]. 规划师，2008，12（24）: 40-43.

[113] 朱查松，张京祥.城市非建设用地保护困境及其原因研究 [J]. 城市规划，2008（12）: 41-45.

[114] 侯百镇.转型与城市发展 [J]. 规划师，2005（2）: 67-74.

[115] 郭俊华，卫玲.中国经济转型问题若干研究观点的述评 [J]. 江苏社会科学，2011（2）: 69-74.

[116] 徐铮，权衡.中国转型经济及其政治经济学意义: 中国转型的经验与理论分析 [J]. 学术月刊，2003（3）: 44-49.

[117] 陈鹏.自由主义与转型社会之规划公正 [J]. 城市规划.2005（8）: 19-28.

[118] 孙施文，奚东帆.土地使用权制度与城市规划发展的思考 [J]. 城市规划，2003（9）: 12-16.

[119] 张京祥，赵丹，陈浩.增长主义的终结与中国城市规划的转型 [J]. 城市规划，2013（1）: 45-55.

[120] 彭小霞.城市拆迁中强制拆迁制度的反思与重构 [J]. 城市发展研究，2009，16（5）: 113-117.

[121] 彭小兵.郑荣娟.利益博弈、制度公正与城市拆迁纠纷化解机制 [J]. 重庆大学学报（社会科学版），2010，16（1）: 39-46.

[122] 黄春晓.顾朝林.基于性别制度的中国城市结构的历史演变 [J]. 人文地理，2009（2）: 29-33.

[123] 曹前满 . 城市行政建制制度发展的逻辑：日韩的经验 [J]. 国际城市规划，2012，27（3）：102-112.

[124] 王海飞 . 制度因素对城市化的制约影响分析 [D]. 南开大学，2009.06：1-57.

[125] 张京祥，吴佳，殷洁 . 城市土地储备制度及其空间效应的检讨 [J]. 城市规划，2007（12）：26-36.

[126] 殷洁，张京祥，罗小龙 . 基于制度转型的中国城市空间结构研究初探 [J]. 人文地理，2005，20（3）：59-62.

[127] 童明 . 城市政策研究思想模式的转型 [J]. 城市规划汇刊，2002（1）：4-8.

[128] 陈修颖 . 区域空间结构重组：理论基础、动力机制及其实现 [J]. 经济地理，2003，23（4）：445-450.

[129] 王开泳，王淑婧，薛佩华 . 城市空间结构演变的空间过程和动力因子分析 [J]. 云南地理环境研究，2004（10）：65-69.

[130] 王开泳，肖玲 . 城市空间结构演变的动力机制分析 [J]. 华南师范大学学报（自然科学版），2005（1）：116-122.

[131] 栾峰，王忆云 . 城市空间形态成因机制解释的概念框架建构 [J]. 城市规划，2008（5）：31-37.

[132] 王建华 . 城市空间轴向发展演变的动力机制分析 [J]. 上海城市规划，2008（5）：15-19.

[133] 张庭伟 .1990 年代中国城市空间结构的变化及其动力机制 [J]. 城市规划，2001，25（7）：7-13.

[134] 石松 . 城市空间结构演变的动力机制分析 [J]. 城市规划汇刊，2004（1）：50-52.

[135] 姚秀利，王红扬 . 近百年来大连居住空间分异特征及其形成机制 [J]. 现代城市研究，2008(11):6-12.

[136] 杨上广 . 大城市社会空间结构演变的动力机制研究 [J]. 社会科学，2005（10）：65-72.

[137] 王昕，潘绥铭 . 城市居住空间分异的动力机制研究：从城市空间资源使用谈起 [J]. 中国海洋大学学报（社会科学版），2013（6）：78-82.

[138] 张京祥，吴缚龙，马润潮 . 体制转型与中国城市空间重构：建立一种空间演化的制度分析框架 [J]. 城市规划，2008（6）：55-60.

[139] 刘望保，翁计传 . 住房制度改革对中国城市居住分异的影响 [J]. 人文地理，2007（1）：49-52.

[140] 严艳，吴宏岐 . 历史城市地理学的理论体系与研究内容 [J]. 陕西师范大学学报（哲学社会科学版），2003（2）：57.

[141] 任云英 . 朱士光 . 近代西安城乡居住空间结构及其形态特征初探 [J]. 西北大学学报（自然科学版），2005（4）：216-219.

[142] 马正林 . 丰镐—长安—西安 [M]. 西安：陕西人民出版社，1978.

[143] 武伯纶 . 西安历史述略 [M]. 西安：陕西人民出版社，1981.

[144] 史念海 . 西安历史地图集 [M]. 西安：西安地图出版社，1996.

[145] 朱士光，吴宏岐 . 古都西安——西安的历史变迁与发展 [M]. 西安：西安出版社，2003.

[146] 史红帅 . 明清时期西安城市地理研究 [M]. 北京：中国社会科学出版社，2008.

[147] 吴宏岐.西安历史地理研究 [M].西安：西安地图出版社，2006.

[148] 李令福.古都西安城市布局及其地理基础 [M].北京：人民出版社，2009.

[149] 邢兰芹，王慧，曹明明.1990 年代以来西安城市居住空间重构与分异 [J].城市规划，2004，28（6）：68-73.

[150] 梁江，沈娜.西安满城区城市形态演变的启示 [J].城市规划，2005（2）：59-65.

[151] 朱熠，庄建琦.古都西安城市游憩商业区（RBD）形成机制 [J].现代城市研究，2006，21（4）：53-58.

[152] 刘博.西安城市生态系统综合评价研究 [D].西安：西北大学，2008.

[153] 刘晖，董芦笛，王陕生.从线性空间探讨西安市景观特征 [J].工业建筑，2007，37（7）：16-18.

[154] 王军伟.西安城市中心区只能和空间结构演变研究 [D].西安：西北大学，2006.

[155] 王丹.西安行政中心迁移的理论探索与现实分析 [D].西安：西安建筑科技大学，2005.

[156] 符英.西安近代建筑研究（1840—1949）[D].西安：西安建筑科技大学，2010.

[157] 杨洪.试论陕西近代交通建设及历史作用 [J].长安大学学报（社会科学版），2005（12）：12-23.

[158] 葛公文.古都西安 CBD 发展现状与城南 Sub-CBD 规划建设研究 [J].世界地理研究，2004，13（3）：66-71.

[159] 李传斌.西安市城市空间结构演替研究 [D].西安：西北大学，2002.

[160] 王红娟.基于土地集约利用的西安城市空间发展模式研究 [D].西安：长安大学，2011.

[161] 和红星.西安与我 [M].天津：天津大学出版社，2010.

[162] J. W. R. Whitehand, Kai Gu.Research on Chinese urban form：retrospect and prospect[J].Progress in human geography，2006（3）：337-355.

[163] 田银生，谷凯，陶伟.城市形态研究与城市历史保护规划 [J].城市规划，2010（4）：21-26.

[164] 周颖.康泽恩城市形态学理论在中国的应用研究 [D].广州：华南理工大学，2013：62.

[165] 周长城.汤姆·R.伯恩斯及其行动者—系统动态学理论 [J].国外社会科学，1998（3）：51-54.

[166] 栾峰，王忆云.城市空间形态成因机制解释的概念框架建构 [J].城市规划，2008（5）：31-37.

[167] 冯燕，黄亚平.大城市都市区簇群式空间发展及结构模式 [M].北京：中国建筑工业出版社，2013：144-145.

[168] 当代西安城市建设编纂委员会.当代西安城市建设 [M].西安：陕西人民出版社，1988：1-4.

[169] 侯甬坚.历史地理学探索 [M].北京：中国社会科学出版社，2004.

[170] 吴左宾.明清西安城市水系与人居环境营建研究 [D].广州：华南理工大学，2013：19-20.

[171] 史念海.黄土高原历史地理研究 [M].西安：黄河水利出版社，2001：654-657.

[172] 西安市地方志编纂委员会.西安市志（第一卷）[M].西安：西安出版社，1996：266-269.

[173] 任云英.近代西安城市定位：地缘政治结构下的区域空间权衡 [J].三门峡职业技术学院学报（综

合版), 2006 (3): 20-23.

[174] 任云英. 民国时期古都西安产业空间转型研究 [J]. 西北大学学报（自然科学版）, 2010, 40 (1): 131-135.

[175] 陕西年鉴社. 陕西年鉴 (1987) [J]. 西安：陕西年鉴出版社, 1987.

[176] 孙立平. 社会转型：发展社会学的新议题 [J]. 社会学研究, 2005 (1): 1-24.

[177] 王学理. 秦都咸阳 [M]. 西安：陕西人民出版社, 1985: 66-91.

[178] 西安地情网. http: //www.xadqw.cn/gm/ls/.

[179] 西安统计局. 西安年鉴 (1993—2003) [M]. 北京：中国统计出版社, 1993 (6): 30-475.

[180] 吕琳, 周庆华, 李榜晏. 西安遗址公园空间演进与评述 [J]. 风景园林, 2012 (2): 28-32.

[181] 唐磊. 大明宫遗址公园：不让遗址成为累赘 [J]. 中国新闻周刊, 2010 (19): 54-55.

[182] 王树声. 结合大尺度自然环境的城市设计方法初探——以西安历代城市设计与终南山的关系为例 [J]. 西安科技大学学报, 2009, 29 (5): 574-578.

[183] 西安市地方志编纂委员会. 西安市志（第二卷）[M]. 西安：西安出版社, 1996: 3-145.

[184] 西安市地方志编纂委员会. 西安市志（第三卷）[M]. 西安：西安出版社, 1996: 72-104.

[185] 周晓辉. 城市居住社区空间分异过程及机制研究——以西安市为例 [D]. 西安：西北大学, 2005: 36-37.

[186] 董菲. 武汉现代城市规划历史研究 [D]. 武汉理工大学, 2010: 44.

[187] 武力. 1978—2000 年中国城市化进程研究 [J]. 中国经济史研究, 2002 (3): 73-82.

[188] 陈锋. 改革开放 30 年我国城市化进程和城市发展历史回顾与展望 [J]. 规划师, 2009 (1): 10-12.

[189] 白南生. 关于中国的城市化 [J]. 中国城市经济, 2003 (4): 7-13

[190] 李浩, 王婷琳. 新中国城镇化发展的历史分期问题研究 [J]. 城市规划学刊, 2012 (6): 4-13.

[191] 王敏正. 国内外工业化理论：回顾及评析 [J]. 经济问题探索, 2007 (11): 2-3.

[192] 赵哲. 西安工业发展与城市空间结构之关系研究 [D]. 西安：西北大学, 2005: 30-46.

[193] 杨敏. 基于地域文化视角的西安市城市空间结构演变研究 [D]. 沈阳：东北大学, 2009: 32-38.

[194] 付凯. 地域视角下西安城市边缘新城（区）空间发展研究：以西安高新区为例 [D]. 西安：西安建筑科技大学, 2012: 35-53.

[195] 林毅. 制度变迁对中国经济增长影响的实证研究 [D]. 成都：西南交通大学, 2008: 52-55.

[196] 刘淑虎, 任云英, 马冬梅, 余咪咪. 1949 年以来中国城乡关系的演进·困境·框架 [J]. 干旱区资源与环境, 2015 (1): 6-12.

[197] 韩奇. 市场化改革背景下的中国国家治理变迁研究 [D]. 长春：吉林大学, 2011: 29.

[198] 刘贵山. 1949 年以来中国户籍制度演变述评 [J]. 天津行政学院学报, 2008 (1): 37-41.

[199] 陈燕浩. 建国以来我国户籍制度的发展及改革对策研究 [D]. 成都：西南大学, 2009: 9-14.

[200] 陈鹏.中国土地制度下的城市空间演变 [M].北京：中国建筑工业出版社，2009：9.

[201] 郑小玲.中国财政管理体制的历史变迁与改革模式研究（1949—2009）[D].福州：福建师范大学，2011：73.

[202] 王明浩，肖翊.对城市住宅若干问题的剖析 [J].城市发展研究，2010（9）：8-13.

[203] 高连海.社会变迁对城市空间结构的影响机制研究：以1949年以来西安市为例[D].西安：西北大学，2009.

[204] 西安统计局.西安统计年鉴（2009）[J].北京：中国统计出版社，2009：37-43.

[205] 张京祥，罗振东.中国当代城乡规划思潮 [M].南京：东南大学出版社，2014：14-90.

[206] 西安市规划局.西安市城市总体规划（1980—2000）[Z]，1983.

[207] 刘瑞强.空间尺度及规划策略研究 [D].西安：西安建筑科技大学，2014：8-9.

[208] 西安统计局.西安年鉴（1993）[M].北京：中国统计出版社，1993：23-87，320.

[209] 任云英.近代西安城市空间结构演化研究（1840—1949）[D].西安：陕西师范大学，2005：132.

[210] 西安市城建系统方志编撰委员会.西安市城建系统志 [M].西安：西安市地图出版社，2000：144.

[211] 西安市地方志编撰委员会编.西安市志（第四卷）[M].西安：西安出版社，1996（8）：367-369.

[212] 张鑫.西安城市商业中心空间发展格局研究 [D].西安：西安建筑科技大学，2011：16-20.

[213] 西安市规划局.西安城市总体规划（1995—2020）[Z]，1999.

[214] 李婷.1990年代以来先边缘新区空间发展研究：以西安经济技术开发区为例 [D].西安建筑科技大学，2014：15-17.

[215] 马晓龙.西安市大型零售商业空间结构与市场格局研究 [J].城市规划，2007，31（2）：55-61.

[216] 王海涛，衣九妹.辽宁省土地利用结构变化轨迹及驱动机制分析 [J].东北大学学报（社会科学版），2014，16（3）：256-262.

[217] 刘静玉，王发曾.城市群形成发展的动力机制研究 [J].开发研究，2004（6）：66-69.

[218] 易承志.大都市与大都市区概念辨析 [J].城市问题，2014（3）：90-95.

[219] 王兴中，李胜超，李亮，郭祎，刘娇.地域文化基因再现及人本观转基因空间控制理念 [J].人文地理，2014（6）：1-9.

[220] 赵万民，王纪武.人居环境研究的地域文化视野探析 [J].重庆建筑大学学报，2015（12）：1-5.

[221] 王树声."天人合一"思想与中国古代人居环境建设 [J].西北大学学报（自然科学版），2009，39（5）：915-920.

[222] 王树声，王华，张薇.对文化转型过程中当代西安建筑发展的思考 [J].Chinese and Overseas Architecture，2007（2）：41-44.

[223] 冯艳，黄亚平.大城市都市区族群式空间发展及结构模式 [M].北京：中国建筑工业出版社，2013：149.

[224] 汤姆·R. 伯恩斯，等 . 结构主义的视野——经济与社会的变迁 [M]. 周长城等译 . 北京：社会科学文学出版社，2004.

[225] Sue E. S. Crawford，Elior Ostrom. A Grammar of Institutions[J]. American Political Science Review，1995，89（3）：582-599.

[226] 道格拉斯 .C. 诺思 . 经济史中的结构与变迁 [M]. 陈郁，罗华平等译 . 上海：上海人民出版社，1994：225-226.

[227] 西安市统计局 . 西安统计年鉴（2009）[M]. 北京：中国统计出版社，2009：255-256.

[228] 王慧，田萍萍，刘红 . 西安城市"新经济"发展的空间特征及其机制 [J]. 地理研究，2006，25（3）：539-550.

[229] 毕秀晶 . 长三角城市群空间演化研究 [D]. 上海：华东师范大学，2013.

[230] 罗文君 . 城市空间结构的演变机制及优化政策研究 [D]. 武汉：华中科技大学，2010：33.

[231] 和红星 . 西安与我 8：城建纪事 [M]. 天津：天津大学出版社，2010：90.

[232] 张京祥，于涛，殷洁 . 试论营销型城市增长策略及其效应反思：基于城市增长机器理论的分析 [J]. 人文地理，2008（3）：7-11.

后　记

　　西安是一座具有深厚文化底蕴和特殊发展轨迹的城市，其空间发展历程蕴含了中国本土城市建设和城市规划的智慧，一直是学界研究的热点。本书的初衷是秉承研究传统，将研究内容聚集于改革开放以来城市空间的剧烈转型时期，尝试以土地利用为载体，透过城市空间的五大功能区（工业、居住、商业、道路、公共空间）的演化历程，识别城市空间演进的特征与规律，为系统认识内陆历史型城市的空间演进轨迹提供依据。

　　我对西安城市空间的研究始于2011年，隶属于导师任云英教授研究团队的核心研究方向。自加入团队以来，我以梳理西安城市空间演变为核心，进行历史时段的选择，以及研究体系、研究方法的整合，于2016年完成博士论文。毕业后，我又对论文进行文字修改和提炼，并陆续发表了多篇期刊论文，逐步形成本书的核心章节。

　　本书从选题到成稿历经6年，追溯研究历程，特在此对给予本书帮助的师友亲朋表示由衷的谢意。

　　特别感谢导师任云英教授，本书从选题到成稿，无不渗透着导师的悉心指导。

　　感谢朱士光教授、张沛教授、雷振东教授、李志民教授、李令福研究员、王树声教授提出的意见和建议，使得本书淬炼得臻于完善。

　　感谢西安市档案局、陕西省城市建设档案馆、西安市城市建设档案馆、西安市规划局、陕西省图书馆等单位及其工作人员提供的原始资料。

　　感谢"西安城市空间结构研究"的课题组成员（田野、肖轶、邵风瑞、付凯、胡恬、李婷、许黎阳、闫崇高）。他们对西安的相关研究，为本书提供了有力支持。

　　最后，感谢家人们在本书研究和创作时期付出的极大关怀与助力。

　　本书存在的论述不足及其他欠妥之处，敬祈读者惠正。

刘淑虎

2017年盛夏于福州大学